改变，从心开始

立 品 图 书 · 自觉 · 觉他
www.tobebooks.net
出 品

处处见生机

生命、生灵、生意及一切生活背后的秘密

梁冬　著

中国友谊出版公司

图书在版编目（CIP）数据

处处见生机 / 梁冬著. -- 北京：中国友谊出版公司，2016.8
ISBN 978-7-5057-3768-6

Ⅰ. ①处… Ⅱ. ①梁… Ⅲ. ①人生哲学—通俗读物
Ⅳ. ①B821-49

中国版本图书馆 CIP 数据核字（2016）第 139818 号

书名 处处见生机
作者 梁冬
出版 中国友谊出版公司
发行 中国友谊出版公司
经销 新华书店
印刷 三河市华晨印务有限公司
规格 787×1092 毫米 16 开
14.5 印张 130 千字
版次 2016 年 8 月第 1 版
印次 2016 年 8 月第 1 次印刷
书号 ISBN 978-7-5057-3768-6
定价 48.00 元
地址 北京市朝阳区西坝河南里 17 号楼
邮编 100028
电话 （010）64668676

推荐序

一

处处见生机，
一气自流行，
不假思议时，
落子便成局。

二

汝既有所思，
汝即有所忆，
一念初动时，
生灭已发机。

三

鲲鹏隐其形，
夏虫得其时，
蝶舞庄生梦，
非鱼余自乐。

四

知白守黑兮，
福祸相依吁，
乐天知命矣，
和光同尘戏。

李辛

2015 年年底

自序

邓铁涛邓老是我的恩师，是我第一位中医老师。今年过年的时候，我去拜访他求问正安中医的未来方向。邓老过百岁了，仍然耳聪目明，仍然关心着医疗改革。在聊天的过程中他跟我讲到这样一个故事：有一次，中央电视台去他家拍片子，为了营造仙风道骨的感觉和氛围，制造了很多烟雾，结果保安报警，消防队冲过来灭火。邓老说完哈哈大笑，他让我看到了一个百岁老人身体内仍然拥有的射手座的勃勃生机。

我心里在想，如果老师活到一百二十岁，他将会用什么样的视野来看待这样一个变化的时局？他会高兴还是悲伤？他会充满期待还是无奈？我不知道。如果我能活到一百岁，我会如何看待我身体里面各种早已不属于自己的元器件呢？

这个时局将会是什么样子呢？以我的看法，在我们有生之年，我们可以看见人会变成另外一种生物，这是五千年未见之大变局。从人的结构上来说，人类所发生的在组织、思维模式，甚至是人群作为一个共同体而进化的过程当中，它会发生什么样翻天覆地的变化呢？就在我们未来的十五年，它可能就会出现。

首先，你会发现，虚拟现实已经让你可以不用戴3D眼镜就可以看到真实的东西了。佛在忉利天为他的母亲说法，讲《地藏菩萨本愿经》的时候，说着说着，地狱的景象就现前。我们觉得那是佛经里讲的，不可思议。

但是，你可以想象，在五年之后，马克·扎克伯格或者蒂姆·库克发布新产品的时候，一款立体的手机或者一个应用就在你的面前直接呈现出来，不需要你戴眼镜就可以看到。那个时候，所有人都能瞬间理解“色”和“空”的关系。如果你突然发现“色即是空，空即是色”其实就是真实不虚的时候，你就整个地对以前讲的其他东西产生强烈的好奇。这是第一个重要的变化。

人类面临的第二个变化，就是知识的传承，包括以知识为基础的能力突然变得不那么重要了。我们很快就会发现，每个人在知识的学习过程中，可能不太需要逐步地学习。

一个字一个字地认，背大量的单词，这是我们以前所了解的对知识的学习。比如学习英语这件事，有可能就是一个随身携带的耳机加眼镜，再甚至可能就是植入耳膜后面的一个芯片，它和我们的神经元保持着连接，起码可以和我们的耳机和眼镜连接。这就已经可以让我们瞬间获得对一个新的事物的了解，犹如使用搜狗或者百度拼音输入法每天都在学习网络社会的新词汇。

最直接的结果就是，今天很努力地在背英语单词的人有一天会突然发现，一个从来不学习英语的人也可以和外国女朋友热烈地谈着恋爱。他说中文，他女朋友听到的就是英文；他女朋友说的是英文，这边他听到的就是中文。你会认识到会说英文这种能力瞬间变得没有意义。

其实这个情况以前发生过。我在高中的时候，穿着拖鞋走入我们学校的一个教室，那里叫计算机室，学的是WPS、DOS，那是我生平第一门不及格的课。当时我就觉得自己完蛋了，还没进入电脑时代，我就已经被电脑时代抛弃了。结果后来发现，我不需要学习它。我儿子三岁的时候，就可以很娴熟地使用iPad。他四岁半的时候，突然问我什么叫鼠标。他听说了鼠标，就问我这个问题。原来，他出生那年，我们家里就已经不用鼠标了。

第三个变化，就是人与人之间的社会关系会发生巨大的变化。最直接的就是，从第一个变化引申出来的推论，当你随时可以跟长得结合了林志玲、安吉丽娜·朱莉的优点，再结合了全世界各种美女优点的虚拟女孩谈恋爱的时候，而且只要你肯付费（包月的话可能花费更少），你可能就根本没办法跟一个现实中的女孩谈恋爱了。

反之，作为一个女性，你也根本没办法跟一个现实中的男士谈恋爱。网络世界可能提供李敏镐加李昌镐的综合形象和性格的男人，与“来自星星的你”交往，你还怎么可能与一个普通人谈恋爱呢？

所以人与人之间的关系会完全重组。可能这件事就发生在未来的五年、十年或最多十五年之后，你会突然感觉到一种莫名的恐慌。

我现在为什么会写这本书？我写这本书，其实是一个莫西干人的告白，是作为最后一批原生态的人，在即将踏入并且见证人类整体上改为另外一个人种的时候，最后一批老生代人和最新一批新生代人的一个过渡时期的记录。我们对于生命的看法，在这样一个历史时期里面，自然会拥有某一种的过渡性。

也许这本书放在三年五年之后会被人认为错误百出，甚至出版三个月后就会被认为错误百出，我已经坚定地确信这一点。我知道它就是用来记录我错误的想法和我的可笑幼稚的一本书。幸运的是，立品的创办人黄明雨先生仍然鼓励我把它出版出来。大概他有这样的慈悲心，他相信，就算你错了，你也要在历史上留下一个错误，否则的话，你怎么知道你有过那么深的幼稚呢？

是为序。

梁冬

2016年3月15日

目录

“生”之一｜**生病**

我的另一位师父李可老先生说，一切病都是阳气不足。他说，没有阴虚，只有阳虚。对于初学中医的我来说，这个观点很挑战我的逻辑和常识。但后来我懂了，的确没有“病”这件事，有的只是“生不足”。

当我们有了一个念头，就产生一个意识夹角，借由事件的关联，借由一件件事情的惯性因果的碰撞，它会形成一种势能。这个势能就会形成一种动态，然后就会形成一种压差，结果压差在旋转的过程当中就建立起了一种周而复始的东西。如果它在一个相对封闭的体系里面，我们就看到了生命。所以李老总说“一炁周流”，听着让人泪流满面。

1.1

我真正萌生想学中医的念头，要感谢我的前女友。

我以前看中医，觉得没那么有效。我眼中大部分中医似乎都是或有或无的骗子。直到 2004 年，有一回我前女友病了，她得了风寒，挂了很多天点滴，一直没有好。病的原因，是她与我各自的业力所致，主要责任可能在我。于是她就不停地生气，内因、外缘和合之后就产生了病。

正好李可老先生和刘力红老师到广州来，我就拉着我前女友去吃午饭。我印象很深，那天吃的是斋饭，我前女友坐中间，两位先生各自把了脉。然后两人对视了一眼，默默点了一下头，又换了一只手各自把脉。两人就一起开了一个方子。据现场其他人士回忆，当时充满了叶问时代的江湖神秘气息，而我也脑补了《将军令》中的片段。没想到，那个方子两点钟吃下去，四点钟她就活蹦乱跳，好像没事儿人一样。

这件事让我很震撼，改变了我对中医的观念。

补充一句，这位前女友之所以成为我的前女友，是因为她不幸地成为了我的现妻。

1.2

作为一个传媒人、文化人，我当年是把中医作为一个文学事业来看待的。《思考中医》之所以一下子被重视，主要原因是书的前两章引用了很多哲学和文学方面的思考，引发读者很多的好奇。其实书的后半部分在讲六经辩证的时候，大部分人是看不懂的。绝大部分的读者看《思考中医》，只看了前面的五分之一到四分之一的内容。但这也足以让这本书成为了一本很畅销的书，因为它第一次向公众展示了一种与中医有关的思考方式和哲学观。公众，尤其是那些传媒人、文化人（统一被称为文科生的没什么科学意识的那种人），一下子意识到了中医的奥妙。

比如作者讲到“病”这个字，他讲到“东西”，讲到“心”，讲到为什么“心、肝、脾、肺、肾”当中，“肝、脾、肺、肾”都是有“月”字旁，而“心”这个字却没有“月”字旁。显然这种文字上的解读快感，可以让大部分小学文化程度以上的人产生“文化人”的感觉。

那时候，我还是作为一个文学青年，作为谈资，来思考中医的问题。但后来碰到李可老先生，我发现中医不是这么简单。

1.3

李可老先生治病很有效，这与他的思考方式有关。

我有一位大学的学姐得了红斑狼疮，当时我也不认识别的中医，就让她去找李老。与此同时，我们学校还有另外一位老师的太太也得了红斑狼疮，她是用激素治疗的，产生了很多副作用。而我的学姐，用李老纯中医的方法治疗得非常好，好到完全恢复了之后，还生了一个特别好的孩子。

有一年，李老到广州讲学，我的学姐还带着她健壮的儿子，“啪”的一声跪在师父面前连磕三个响头。当时我在想，如果他向我这样磕头的话，我应该回拜还是淡定地说“免礼平身”？当然，后来的结果再一次证明，大部分时候我们的担忧都是多余的。

这件事情也让我产生了一个强烈的信心。“信心”这个东西还是要有证，需要有人演给你看。所以，我就跟李老说，我想拜师学医。

五年之后师父才肯收我。他其实也知道，我很难成为一个大夫，成为兽医也很不可能（补充一下，李老开始没有行医资格证，只是给牛啊什么的看看病）。

1.4

一个没有任何医学基础的人，要学医是很困难的。我没读过《黄帝内经》，没读过《伤寒杂病论》，也没读过《本草纲目》，所以就没有办法深入地提问，但是师父又很喜欢我，给我很多时间，让我去问一些很低级的、很门外汉的问题。

一个年轻人刚学能问什么呢？我只能问：什么是阴阳？什么是病？

李老说了一句话，当时我没听懂，后来慢慢我懂了。

李老说：一切病都是阳气不足。我觉得这么说很有意思，就接着问：“阳气不足，那阴气在哪儿呢？”他说：“没有阴气不足，就是阳气不足。”没有阴虚，只有阳虚。我觉得这个观点很挑战我的逻辑和常识——既然是阴阳互根，既然是阴阳平衡，怎么会没有阴呢？

后来很多年之后我才知道，李老所说的阳气和我们平常所说的阴阳的阳不一样。这个阳气是什么呢？其实是指元气或生机之气。

1.5

中国的汉字有一个特点：一个字代表很多意思，一个意思又有很多的字眼去形容它。“阳”里又有阴阳，“阴”里又有阴阳，然后还有五行。说“元神”，一会儿这么说，一会儿那么说；一会儿是“无”，一会儿又是“空”。同一个东西有很多的名词，同一个字眼有很多的意思。

这种中国文化不定性、不定量的特点，以前我觉得这是中国文化的一个弊端。后来发现不见得，它可能是一种优势，或者可能是我们聪明的祖先刻意为之。借由这种非单向一对一的概念名称的对应，帮助我们建立一种散点透视的能力。就像无影灯一样，各种角度照，照完之后就没有影子了。

再后来，我读《金刚经》的时候，读到“见诸相非相，即见如来”，顿觉浑身毛孔倒立，原来古代聪明的人是一样的（聪明的人都有一样的聪明，愚蠢的人各有各的愚蠢）。

总之，那个时候我第一次学医，是从没有阴阳开始的。只有阳气，而这个阳气换一个词更合适一点，叫元气，即“炁”。

1.6

“元气论”始见于先秦哲学著作《鹖冠子》，形成于战国时期，在东汉末年发展为王充的“元气自然论”及北宋张载所倡导的“元气本体论”。“一元气论”可见于诸多道家著作，包括庄子在他的书中其实也提到过这个事情，他说：“人之生，气之聚也。聚则为生，散则为死。”见（《庄子·知北游》）

钱穆先生曾经有一个判断，他说世界上所有的知识基于三种假设。哪三种假设呢？这个世界是由一种最基本的物质构成的，还是由最基本的能量构成的，还是由最基本的信息构成的，或者是这三种基础按照百分比的多少来构成的？大致来说，世界上所有的学问，包括科学，无非是这三种假设的延伸。

那么元气是什么呢？我就开始慢慢地去寻找答案。

1.7

我发心拜师学医，后来因为师父离北京太远，有时候我又懒，不精进（刚开始我听说“精尽人亡”，所以对“精进”很害怕，后来才知道这是两个字，释然了好多），师父看我朽木不可雕也，就说“那算了，看你自己的造化吧”。他给我讲了一些很基础的东西，那个时候他讲的东西我没懂。后来发现，学一些重要的东西，就是你不懂，你先听着，当时不懂没关系，说不定有一天你就懂了。

讲到这里，我顺便提一下，我认为当今儿童教育最大的问题，就是把儿童当无知，所以总是给他们讲一些他们能听懂的东西。而在民国时期，胡适、林语堂、钱钟书等这些大家，他们小的时候学的都是他们听不懂的东西，所以那个时代出了那么多的大师。

孩子听不懂根本没有关系，越是懂种子学说的人越知道，播种子比插一根树桩要重要。因为有了种子，它自己会长。我们每一个心里都有一亩田，你播下种子，给予时间，有一天它就会长出一棵金丝楠。这很神奇，生命很奇妙，莫名的奇妙。我最近准备给我的儿子开一门课，如果不讲《资本论》，就讲《人类简史》。

话说回来……

我接触过许多中医，采访过很多人，有的老师讲阴阳，有的老师讲五行，也有的老师讲命理，讲什么的都有，彼此全不一样。与此同时，因为我之前做互联网工作，对互联网的去中心化和社会信息基于网络的信息流动有一定的观察。有一天，一位老师讲了一句话，让我开了窍。

我记得是刘力红老师在“扶阳论坛”上讲的。他说：什么叫阳？其实阳就是热量。那么这个世界上有没有一个东西叫冷呢？其实是没有冷的，只有热不足，当你热能不足的时候，就显得冷。

而热是什么？学过基础物理学的人都知道，它是一个对物质进行加热，使固体转化成液体或者使液体转化为气体的过程当中，也就是熔化或汽化所吸收的玩意儿，我们通常称之为热能。但是你说有没有冷能呢？没有冷能这种东西的。当你需要五十度的热，而只有三十五度的热的时候，它是冷了十五度，这只是一个概念上的冷了十五度，但并不存在着十五度的冷，只有十五度热的不足。重要的事情说三遍：这个世界没有冷，只有热不足；这个世界没有冷，只有热不足；这个世界没有冷，只有热不足。

这个事情很有意思，它颠覆了我的很多观念。尤其是在学习阴阳概念的时候，我们很容易深陷其中。

1.8

2004年的时候，我还没有加入百度。后来从百度出来以后，我又去山西跟李老近距离地接触，主要就是陪他打麻将。师父对我真是太好了，每次都拿出他的中华烟给我抽，还说补肺气。其实我观察，抽烟还是有害健康的。但烟这玩意儿，有如婚姻，都有害健康。所以我建议，如果你没开始就别开始，开始了就不要随便断。胡因梦老师在接受网易专访时提到，只要一男一女生活在一起，只要是一个不交流的关系，那两个人不用多久能量就都没了。它不对流就是整个闭锁，身体里面这个情绪能量封闭了，这对健康的影响太大了。我个人认为这个还是比雾霾强。

话说回来……

李老又跟我讲，他说哪儿有病，就是哪儿阳气不足。我那个时候还是没懂，后来知道之后，就把这个阳气用元气来指代。

那元气是什么呢？好像是一种不知道怎么开始的一种流动的状态。比如说心脏，它怎么会一直跳动呢？我们知道，心脏中的心肌细胞有两种类型。大多数为普通心肌细胞，在受到刺激以后，它们将发生收缩，刺激消失以后则又舒张开来，这样的一次收缩和一次舒张合起来，便组合成了心脏的一次跳动。另一些细胞为特殊心肌细胞，它们能够按自身固有的规律，即自律性，不断地产生心电信号，并传导给普通心肌细胞，对其进行刺激，使之收缩舒张。所以说“天行健，君子以自强不息”，一有生命，它就开始跳，直到生命终了，它一停，不跳了，这个东西就没了。

但是这个东西很微弱。“人心惟危，道心惟微”（《尚书·大禹谟》)，这里的“人心”指的是后天的人心，后天人的分别心；“道心”是先天之心，是天心，它在人体内很微小，它怎么样才能变成澎湃的势能呢？这个事情就变得很有趣了。

1.9

看足球比赛，观众席上的人浪是怎么来的呢？

刚开始的时候可能就是一个人，说“我来搞一个”，举一下手，旁边两个人举一下，刚开始没有几个人参与，结果卷着卷着就越卷越大，越卷越大。很多人觉得其实举人浪很二，但是当你在巨大的体育场里面，那个浪卷过来的时候，你几乎是不可能选择放弃的，你也跟着一起起来了。当你举完之后，你旁边的那个人也就必须要跟着来了，这叫“势”。势已形成，它是由一个很小的点，慢慢地借由叠加效应，最后形成一种惯性和势能。

这个惯性是怎么来的呢？我们可以说它是一个压力差。刚开始的时候可能是基于一个很微弱的能量，哪怕是一个念头带来的能量。我们的念头会产生很多很奇妙的改变，比如说我们可以随手做个身心灵实验。找一块怀表，用手提着，手不动，但心里想着它动，看着它，它就会动起来的。很多人说这是“念力”，实际上我们的心里面只要有这个想法，我们的身体会产生很微弱的颤抖，这个颤抖会逐步借由类似钟摆的惯性、物质之间的张力和推动力，它会叠加，当叠加到一定程度的时候，它就形成“势”。这个势就会让你看见，而且可能永远被记录在宇宙深处。用时髦点的表述方法，就是你在终端的任何一次点击和操作，都会被云端记录下来。所以心念一闪，振动十方[①]，这是有道理的。

而且念力会给我们带来一种意识的夹角，就是说，一有念力，你就产生了一个想象，或者是一个意识；意识的关注像雷达一样，是有夹角的。当我们能做到这个夹角无限扩大的时候，就是一片光明了。夹角里面能看见的那叫“明”，夹角以外的部分叫“无明”，就是阴影。当我们用我们的夹角看到一个东西的时候，我们认为这个世界就是世界，对吧？所以当我们的意识一旦建立起来，一旦打开了一个意识雷达的夹角的时候，我们就会看见一些事件。我们后来又学习了一些知识和逻辑，这些逻辑会把那些偶然事件串联起来，然后借由我们的意识去强化它；最后我们认为这个东西叫“意义”，于是我们觉得这是对的。

1.10

一位怀孕的女性会发现满大街的人都大肚子，一个人买了LV包，发现大家怎么都有。我有一个在中欧商学院的同学，他参与了一颗卫星的发射过程。他们有几十组电脑，每一组电脑负责一个雷达的监控，卫星发射上去之后，每一组监控一段。当雷达监控到的时候，这个卫星是存在的。结果该到他们那组电脑跟踪，可能夹角算错了，就死活找不着卫星了。如果长期找不着，其实对于他们来说，这一颗卫星就没有了，在浩瀚的宇宙当中，卫星消失了。所以存在不存在是次要的，你看不看得见，或者你有没有意识到它存在是主要的。

① 十方指东、南、西、北、东南、西南、东北、西北、上、下，泛指遍虚空，尽一切世界。

当我们有了一个意识，开始产生一个意识夹角，开始有一个念头，借由对偶然事件的关联，借由一件一件事情的惯性因果的碰撞，它会形成一种势能。这个势能就会形成一种动态，这个动态就会形成一种压差，结果压差在旋转的过程当中就建立起了一种周而复始的东西。如果它在一个相对封闭的体系里面，我们就看到了生命。所以李老总说“一炁周流”，听着让人泪流满面。

1.11

而所谓的生病就是这一股元气耗散的过程，这个元气做的事情就是聚。有一次李老跟我说，很多人都说附子的功能是刺激肾，让肾脏气血周流。他说据我这么多年的观察，我认为附子还有一个功能。因为阳气并不是没有，而是散了，它是散落在各个地方，没有为你所用。而附子有一种作用，就是把散落在身体四周的阳气聚在一起，然后摧枯拉朽地去推动气脉的畅通。他说附子不是产生热能，而是汇聚热能的一味药。

最近随着自己的年龄步入四十岁，我对此更有体会。前面提到尧传位给舜的时候讲了十六个字“人心惟危，道心惟微；惟精惟一，允执厥中”。我认为它讲的就是生命力的秘密。道心是指你把你的意愿与宇宙的能量进行对接之后所找到的很微弱的东西。人心和道心都是非常微妙的，但是你总能找到一个核心点，那个核心点就是他们交界的位置，叫做允执厥中。那个东西就是生命的最微弱的动能，把这个微弱的生命动能护持好，在它的生发阶段保护它，让它发扬光大，到一定程度对它进行收藏，到冬天的时候拿泥土把它封住，护住它挺过这个冬天，到了下一个春天再生发，这就是“一炁周流”。

“生”之二 | **生命**

从“牛”到“一”，从没有，从大象无形的那个东西，到“一”这种状态，我们称之为“生”。“生”是非常微弱的一个状态，但是这微弱的东西进入人体这个密闭的系统里面，就会形成循环，就会波澜壮阔。

要让一个生命伟大，要让一个生命走得久远，回到儿童教育上来说，最重要就是在他的童年给他播下一颗良善的、具有伟大深远意义的生命种子。这件事情比我们认为的重要一万倍。其他东西都可以后天来学，儿童教育的本质就是让孩子拥有这样的初心，那就是你要成为一个什么样的人，你想干吗。这就是生命。所以，生命的源代码即底层源代码非常重要。

2.1

所谓生命，可以说就是借由一个念头萌发的，也就是相由心生，相是指我们看到的世界。关于念头是怎么来的这一件事情，以后我们可以慢慢探讨。从无到有，在产生这个东西之前那个东西是什么？我们不知道它是什么。如果往上追溯的话，你只能说它是元，它是空，甚至你可以用一个东西来比喻。你可以用大象来比喻，也可以用牛。你看《道德经》里面叫“玄牝之门”，牝指“母牛”，“玄牝之门”即“母牛”的产道。它用来比喻什么？

这个宇宙的万物都是从那个被我们形容为牛的那一个不知道叫什么东西的、没有形象的东西里面幻化出来的。所以“生”这个字，就是上面一个“牛”，下面一个“一”。广东人讲“牛一快乐”，生日的时候就是“牛一”，“牛一”就是“生”，它是民间俚语，以前我们不知道，现在想想这个东西太深刻了。“牛一”就是从没有到有的一个过程，而让这个过程发生的力量，也就是引生万物者，中国人称之为“神”。所以，中国人的“神”并非一个具象的存在，它一开始就是为了表述宇宙第一推动力的来源而创造出来的。

2.2

从“牛”到“一”，从没有，从“大象无形”的那个东西，到“一”这种状态，我们称之为“生”。

所以“生”是非常微弱的一个状态，介乎于没有和有之间，套用一句科学术语的话，它只是一个念头带来的神经电的触发。但是这个东西只要进入一个相对密闭的系统里面，由于物质、信息、能量之间的碰撞，它会形成一波又一波的旋转。比如说我们可以让喇叭对着麦克风。唱过卡拉 OK 的人都知道，如果你的麦克风对着喇叭的话，那个喇叭的声音会进入麦克风，麦克风的声音又会进到喇叭，声音是有时间性的，很短的时间里就会有一个巨大的声音，我们称之为“啸叫”。刚开始可能是很小的一个声音带来的，但是只要形成循环，它就会波澜壮阔。

2.3

一旦我们认为这个东西存在的时候，那么这个循环转动的过程本身就启动了一个体系，这个体系会携着一切东西在里面转。这个转动的过程及路径，我姑且理解为“道”。“道”这个字太好用了，一切说不清楚的东西都可以使用。

如果人的身体是这样的话，宇宙是不是也是基于这样的一种状态在运动呢？我猜想可能是这样的。后来我读了一些天体物理学的东西，发现大致是这样。宇宙已经存在很多年了，它所有的星体之间借由万有引力形成了引力和斥力。于是起码在太阳系里面，它经过了很多年，以地球为原点看整个天球，就形成了一种周而复始的旋转。我们看到有几颗挨着比较近的星，我们称之为"北斗七星"。北斗七星在不同的季节和夜晚不同的时间，会出现在天空不同的方位。古人根据黄昏时斗柄所指的方向来决定季节："斗柄东指，天下皆春；斗柄南指，天下皆夏；斗柄西指，天下皆秋；斗柄北指，天下皆冬。"（《冠子·环流篇》）这与我们密切相关，很有意思。

现在的人都不太容易看见星星。我有一个朋友跟我讲，他带着儿子到河北的郊区，大概八月份的一个晚上，看着满天的星斗，他儿子说："哇，原来真的有银河啊！"

我相信，古代的人，他们那时候没有雾霾，没有微信朋友圈，又有大把的业余时间，无所事事，肯定是举头望天的，因为那肯定是最好玩的事情。个别有意思的人把它记录下来了，经过长时间爷爷传爸爸，爸爸传儿子，儿子传孙子，就像愚公移山那样，归纳出了一些东西。他发现一个很有意思的现象，那就是这七个连着、比较近的像斗一样的星，沿着某一个轨迹在走。

2.4

以地球为观测点——我相信可能在河南的某个地方，或者是甘肃的某个地方，那是中国文明发源地，他一定会看到天球这样在旋转，经过长时间的观察，他就把行走的这条轨迹称之为"黄道"。

《淮南子》中有"堪，天道也；舆，地道也"，堪即天，舆即地。堪舆的"舆"中间是一个"车"，有奔向之意。这个行走的过程跟地球的某一些变化形成了关联，古人仰观天象，俯察地理，于是有了堪舆学。堪舆大而无外，小而无内；远到天边，近在眼前。

而古人在看外面的时候，他也一定还会做另外一件事情，我相信，他会花很多的时间去观察自己。静坐过的人都有这种体会：坐着坐着，你就发现自己在晃。打坐的人都有这种感觉的，即古人说的“冲气以为和”。站桩也一样的，站着也会晃的。而且他不仅仅在晃，对于一些敏感的人，他会发现他晃的时候有一个晃动的周期和频率。如果你把这种“晃”静下来，你不晃了，你会发现它在里面游走，一定是顺着某一条路在走的。

2.5

我有过这样的经验。有一次，一个老师帮我扎针灸，他说：“我扎完之后，你会感觉到一股热流顺着你的肝经，从扎针的地方一直走到你的大脚趾和二脚趾中间偏上那个位置，就是肝经的原穴——太冲穴。”如果没有那一次体会，我不会那么坚定地相信这一点。他扎完之后一下就下去了，不是电，是一种像在你这里面注射了热水一样流下去的。而且并不是像电那样很快的，它是花了大概有一秒钟多一点的时间走下去的。

我想以我这么愚钝，又吃了那么多转基因的食物，又这么不敏感的人都体验得到，在古代一定有一些人体会很多，而且他们是一遍一遍地反复体验。他们还一定是把这个体验和方法跟别人分享，别人说“我也这样”，然后他们交流。就是说，当一些人能够彼此互相交流的时候，比如有人已经走了十年了，我走了五年，我走到这个阶段去问老师，老师说：“对，那五年的时候，我差不多就这种状态。如果你再坚持做下去，第六年大概是什么样的。”到接下来那一年，我发现差不多是这样的，于是我就相信有一种超越个人体验之外的共性。

每次想到中国古代的修行者人人都背着一个实验室（自己的身体），每天反观内视，还做实验数据记录，我就觉得现代人是粗糙了点。就这一点而言，您说我们人类是退化了呢，还是退化了呢，还是退化了呢……

2.6

我相信，古代一定有很多人经过这样的交流之后，慢慢地，他们把这种知识汇聚成了一种内在的图像。而他们又发现，这种转动的周期似乎和北斗七星转动的周期之间有某种强关联性，是可以进行数据回归统计的。

古人还有另外一个发现。尤其以中国大地来说，这里有这个特点，中国的东南边是受太平洋热带气流影响，西北边比较高，那么水蒸气被太阳照射之后，上到天空，之后它向两边散。中国人看到了从东南太平洋起来的那股气，经过了中国上空之后，它会一直蔓延走向西伯利亚和西藏这边。因为西北地势比较高，所以空气到那个地方之后遇冷，它就会降下来，或者受寒，它就会形成冰；太阳一照，就流下来了，顺着地势它又会流向东南。所以大河向东流，一直又流回太平洋。基本上是这样一个循环。（脑补：大河向东流啊，天上的星星参北斗啊……）

这个循环模式很像人体的一个状态。

2.7

人体内部的循环状态是什么样的呢?

我曾经做过一个健康类节目，采访了中国工程院院士郭应禄。他专门研究泌尿科，用于临床治疗肾结石的中国第一台体外冲击波碎石（ESWL）样机就是他主持研制成功的。

那天采访时，他拿了一个东西，跟我说：“你看这是什么?”模样就跟一棵树的标本一样，也类似珊瑚，原来那是一个肾脏的标本。人的肾脏的肉都剔除之后，只有那个脉络，再把静脉和动脉注入不同颜色的药水，你就看见了一个蓝红相间的像树一样的东西。这个像树根一样的东西也是我们人体循环的“根”。

我们大家知道，人体内部的循环主要是一个气化过程。通常饮食入胃，由脾土化生水谷精微，受命门之火熏蒸，将水携带着精微营养物质蒸发上输于肺——这是由水化气的过程。肺气肃降，使津液下行至肾；肾将其中的糟粕部分输送至膀胱；膀胱把那些不需要的水分排出体外，其中的精华部分则藏于肾；藏于肾的津液，由命门之火（即肾阳）化为气，通过三焦的作用，上升到肺，作为肺化水液下降的动力——这部分是气化为水的过程。

脾的水液气化功能和肺的降水至肾的功能，都要依赖肾的作用。如果命门之火（肾阳）不足，火不生土，脾阳也就不振，中焦就会停饮不化；如果肾阳虚乏，不能蒸化为气，肺气也就不足，会导致水不下行。

因此只有在肾阳充足的情况下，脾阳才能蒸水上输，肾水才能被蒸化为气，上注于肺。这就是“肾主水”的道理。

所谓气化，即气化为水（津），水化为气。因为水饮入胃后，经过阳（肾阳、脾阳）的蒸发，即分为清浊两个部分，清者上升，浊者下降，这个过程同三焦决渎功能是分不开的。《素问·灵兰秘典论》说：“三焦者，决渎之官，水道出焉。”“决渎”就是水道，即津液通行的道路。三焦是人体元气升降出入的道路，人体元气是通过三焦而到达五脏六腑和全身各处的。三焦之所以能气化，是和命门分不开的，古人说“三焦与命门相为表里”“三焦系于命门”，就是这个道理了。

如此循环，人体代谢的平衡才得以维持。

2.8

正如你所看到的，我们的膀胱非常像一个皮球。尤其是在小的时候，膀胱肌肉张力还比较强的时候，膀胱的平滑肌纤维一收缩，使得膀胱内压升高，于是就压迫尿液由尿道排出。这就是为什么说小孩子“迎风尿一街”，老的时候“顺风尿一鞋”。我小时候尿急的时候，每次尿的冲力很大。后来回想，如果当时穿的是旱冰鞋，那个冲力肯定能把我推出一米开外。后来，我看了一本清宫秘史，说选嫔妃的时候，看谁的尿冲力大，谁就肾气足。看来八卦里充满科学精神。

我小时候一直不明白，为什么这个尿能撒出来？现在明白了，其实就是这样一个过程。所以我们也就明白了为什么说人肾亏的时候尿就多，因为肾阳不足，气化的作用弱了，以前一公斤的尿可能有二两到四两被吸收回去了，现在只有一两到二两了，多出来的部分没有被气化吸收的只能排出去。

夜晚的睡眠是一个很重要的充电过程。如果我们的肾脏和膀胱很有能量的时候，理论上来说，在晚上它会有充分的气化和储存能力。睡觉时基于生物的惯性，人不愿意起床，你的肾功能、膀胱功能好的时候，它就能循环好，膀胱也足够容纳，就不需要起夜。等你老的时候，这个能力不强了，所以人一老就很容易多夜尿，其实说白了就是肾和膀胱的功能变差了。中医的表述更精简，将此称为“肾气衰”。

2.9

人体肾脏主导的循环非常重要。

水蒸气形成之后，它就会往上升腾。升腾到哪里呢？它会升腾到肺，被气化的水会带着很多东西上来，包括推动静脉血的回流。当这些水蒸气进入肺的时候，我们身体里面是热的，身体外面是冷的，吸入的相对冷的空气，会迅速把这些水蒸气重新变成水。但因为这是非常干净的“蒸馏水”，所以它很容易被身体吸收，然后往下渗。这个过程像极了我们中国人看到的水汽从北太平洋到西藏高原再下来的这个过程，也就是“人法地，地法天，天法道，道法自然”这个过程。

这或许就是所谓的“先天元气”（或者叫“肾气”）的本质了。因为水蒸气会把很多的微量元素带上来，而我们一般都以为只有血液可以带动这些东西，这是一个很大的误解。除了血液循环以外，一定还有另外一个更重要的循环。正如我的师兄孔乐凯（李可老师弟子）——一个转学中医的西医硕士说的：水循环，即从水到水蒸气、再到水的过程，才是身体里的大运动。

2.10

人体血管相对少，甚至毛细血管里面的这些血液被带动的这个过程，应该不仅仅是心脏所迸发出来的这个能量所推动的。

我们的身体是一个非常精密的系统，要把力量均匀分布，迸发到全身，这几乎是不可能的。我们可以找同样大马力的一个电动马达来做实验，一定是渗透不下去的。那是什么东西让身体能够完成这个过程呢？一定有另外一种力量，我相信这个就是肾气。

因此，古人建立了一种非常重要的生命观念，那就是身体里没有什么东西是没用的，连尿都不浪费。用今天的话来说，这叫节能低碳环保。说中国人不懂环保，其实只是说现代的中国人不懂吧。

2.11

那好了，屎有没有用呢？很可能屎也是不会被浪费的。

在农村生活过的人都知道，大粪渥堆会产生沼泽之气。人体内这个“沼泽之气”也可以来推动我们体内的循环。

所以人体内的“沼泽之气”在哪里呢？在胃、大肠和小肠里。中医常说，心与小肠相表里，这是什么意思？小肠里一定会有很多在“堆肥”过程当中产生的沼泽气，这个气也推动了我们身上的水汽和血液循环。

那么大肠有什么用呢？粪便在肠子里面的时候，其实有一个很重要的作用，就是它为肾脏提供了足够的热能。你想，肾需要运作，一定需要热，仅仅血液带过来的热是不够的。如果它旁边的大肠的温度低于肾脏的话，根据热传导原理，那么肾脏的热就会传给肠。所以肠一冷，肾脏的血液循环就不好，所以肠子要热。那靠什么热？除了肠子的血液循环之外，渥在里面的大便肯定是有用的。

因此，天底下没有什么东西是没有用的，一切皆为我所用，一切都有备于我。

2.12

而在现实生活中，我们的生命是要节用的。一个人一辈子能谈几次恋爱，也是有定数的。道理很简单，爱一个人需要调动很大的心力。我认识有一些人爱无能，明明有机会爱，有物质基础，也有可以爱的人，但是他就是爱不起来，就是那种对生命特别沮丧、什么都没意思，其实这是一种生命能量衰竭的征兆。

曾经有一天，郭生白郭老和我一起办完事出来，在一个电梯里面，郭老突然对我说："生命是什么？生命首先是你特别想活。如果一个不想活的人，他的心神已经没有想活的意志的时候，他哪怕是浑身肌肉，但他走到窗户那，'啪'一下跳下去，一秒钟就死了。如果他很想活，哪怕他得了癌症，他练气、导引、刮痧、吃药、放疗，他还能折腾好几年不死。那你说什么是更严重的病，是不想活的想法更致命，还是最毒的癌症更致命？显然是前者。"那个时候我觉得老爷子很伟大，他道出了一个东西。

我后来也发现，但凡一个人活得长，有一个很重要的原因，那就是他很想活得长，没有这个前提条件，其他都不能成立。一个人能挣钱，是因为他很想挣钱；一个人成为一个伟大的教育工作者，是因为他很想成为一个好的老师。除此之外，都只是附着在上面的一些微不足道的事，是你的愿力在起决定作用。愿力是我们生命的底层最重要的事情，是我们生命的原动力。所以我们常常听说“不忘初心，方能远行”。

2.13

这个“初心”其实说的是那个生命最开始的种子，生命种子的原动力就是你开始发的那个愿，那个叫种子。这个东西你把握住了，你只要顺着这个方向走，你播下种子是一颗红豆杉，你奔着一棵红豆杉来长，你就会成为一棵红豆杉。你播下了一颗红豆杉的种子，长到一半你说我想成为一棵金丝楠，那既成不了红豆杉，也成不了金丝楠。起心动念的那一刹那，介乎于有和没有之间的一刹那，光彻万里，力透宇宙。所以当我们理解这个的时候，就是慎思慎笃，就是起心动念都要非常非常的小心。因为这些起心动念，它会在我们内心的深处、我们生命的深处和生命的底层写下一行代码，这个代码你开始不觉得，所以我们很多人最大的问题就是起心动念太杂，而这个事情是每个人都会犯的错误，所以很多人修行就意识到这一点，就是要戒，把想得过多其他的东西这件事停止，才能够定，专注在一点上，时时往里，就只想成为一棵好的红豆杉，最后你才能够成为一棵好的红豆杉。

所以这个初心很重要。很多人的人生走到一半，要做的很重要的一件事情是什么呢，是要做一次关于自己童年梦想的回溯游戏，就是你要问自己小时候开始发的主要的愿是什么，你想成为什么样的人，那个愿你不能说忘了不管它了，你那个时候那么小，能发那个愿是有很重要的因缘跟环境的。这个环境包括你的父母、那个时代，恰好你这个生命体在那一刹那有一个那样的愿。这是很重要而且是很不可思议的。

有很多人这一辈子碌碌无为，就是忘记了他小时候想成为一个什么样的人；很多公司走到一半乱七八糟，就是忘了他刚开始成立这一家公司的时候，这几个人聚拢来是干什么的。这也是为什么很多中国企业家做到一定程度就上不去的主要原因，是因为他刚开始做企业的时候就只是希望解决温饱，所以他用力过猛已经过度解决温饱的时候，他不知道该怎么办了。这才是生命不能走得远的原因。所以要想让一个生命伟大，要让一个生命走得久远，回到儿童教育上来说，最重要的就是在他的童年给他播下一颗良善的、具有伟大深远意义的生命种子。这件事情比我们认为的重要一万倍。其他东西都可以后天来学，儿童教育的本质就是让孩子拥有这样的初心，那就是你要成为一个什么样的人，你想干吗？这就是生命。所以生命的源代码即底层源代码非常重要。

“生”之三 | **生灵**

林杰老师也说“天下无病”。他反复这么讲，其实就是因为我们一旦被这个病名在这个位置上表达出来的症状所吸引的时候，我们就开始走入歧途。我们只能做一件事情，就是用看不见的手，帮助人体这个循环体系重新恢复它应有的状态。

我们必须要在某一个时间节点完成这个事，于是就形成了一种很重要的思维方式，那就是用最少的干预达到最可持续的结果，这中间的分寸拿捏只能用艺术来形容。

3.1

"天底下没有什么东西是没有用的",我对这件事情开始很有感觉,是有一天王鲁湘先生采访星云大师。王鲁湘先生问了一个问题,他说:"星云长老,您是如何能够在短短的几十年里把佛光山的道场开到全世界去的?"星云长老说:"我们坐在这里,这个灯,这个茶壶,这水,这个桌子,这个椅子,有什么是我们的呢?只能为我们所用。"

你只要能用它,它就是你的;如果是你的,你不能用,那也不是你的。所以能够用就是一切。最近,马化腾代表在"两会"提倡"分享经济",就是建议大家都把自己暂时不用的东西借别人用。Uber 还有各种新经济模式,都在强调使用权,而非所有权。

这在佛教里面有个词叫"去我执",说的就是别想拥有什么,能用就不错了。我觉得,当我们开始接受这个观念,人类离共产主义就不远了。

3.2

我们的身体借由亿万年的演化,它一定找到了一种最完美的能源使用机制。肾气的推动,它带来了一个什么样的过程呢?它推动了我们全身的微循环。

一切病其实都是循环病。从唯物的角度来说，就是该有的东西不足，不该有的东西堆着，无非就是这样。

对我们来说，有用的营养物质，我们没有吸收，或者吸收得不充分。本来有营养，但是没有办法被吸收被利用的东西，没有办法用，它就是垃圾，它就堆积在身体的各个地方。如果不能借由大小便、汗、呼吸这几个管道排出体外的话，它就一定会堆积。堆在哪儿，哪儿就有病。所以一切疾病的解决方案，从大策略上来说，就是基于一个非常简单的逻辑——如何提高你的微循环体系，让该来的来，该走的走。这种合乎次序的流动就是“德”。

3.3

在微循环的体系当中，通道是生来就有、自然而然的，它只要循环着就好。把该推到大肠的推到大肠，把该通过汗液排出的就通过汗液排出，把该通过呼吸排出的就通过呼吸排出。人体的微循环是自动产生作用的。它有三个主要的能量来源，也是人体的三个最重要的能量来源：一个来自于心脏的能量输出，一个来自于脾胃（包含胃肠内食物发酵产生的热能），再一个是来自于肾脏的能量输出，中医称之为“心阳、脾阳、肾阳”。中医的扶阳理论本质上就是对这三个能量体系的管理。

我们知道心脏在肺旁边，当肺经呼吸道吸入空气的时候，相对冷一点的空气进入肺里面。其中的氧气与血液中的血红蛋白结合生成氧合血红蛋白，通过血液循环一起被输送到各组织器官，在酶的催化作用下，与有机物发生反应，生成热量，产生二氧化碳。因此，我们呼出的气体是带着热和二氧化碳的。这个过程本身让我们的心脏喷出来的血，即动脉血，是借由肺而携带着氧气的。

那么进入心脏的血是静脉血，这个静脉血是怎么回流回来的呢？静脉的收缩和舒张可有效地调节回心血量和心输出量，使循环机能能够适应机体在各种生理状态时的需要。静脉回流的基本力量是小静脉（又称外周静脉）与腔静脉或右心房（又称中心静脉）之间的压力差。小静脉压力的升高或腔静脉压力的降低都有利于静脉回流。由于静脉管壁薄，静脉压低，所以静脉回流还受到外力如肌肉收缩的挤压作用、呼吸运动等的影响。

肾脏能够帮助静脉血一层一层地往上送。你就会发现这两个东西有一种相互支撑、相互协助的作用。这个过程叫什么？用中医的话叫做“心肾相交”，道家称为“坎离合和”。

因为心属火，藏神；肾属水，藏精。两脏互相作用，互相制约，以维持正常的生理活动。肾中真阳上升，能温养心火；心火能制肾水泛滥而助真阳；肾水又能制心火，使不致过亢而益心阴。这种关系，也称“水火相济”。

3.4

当心肾相交的时候，我们刚才提到身体还有一个能量来源，那就是脾胃本身的阳气和食物在发酵消化过程中产生的热能。

脾胃的作用很重要。中医中提到脾胃，不仅仅单指某一脏器，而是指一切与实现消化相关的功能涉及的部分。我们知道，消化过程包括机械性消化和化学性消化，前者指通过消化管壁肌肉的收缩和舒张（如口腔的咀嚼，胃、肠的蠕动等）把大块食物磨碎；后者指各种消化酶将分子结构复杂的食物和水分解为分子结构简单的营养素。

我们把一锅牛肉和土豆放在一个高压锅里面，下面拿猛火炖，炖四个小时，牛肉都没有炖烂，顶多软了而已，没有变成无形。而你要是把这些肉吃到肚子里，几个小时之后就完全不见了。你不觉得这个事情很了不起吗？

3.5

脾胃是怎么完成消化食物这项工作的呢？它是用酶，类似于自然界的微生物，也就是我们叫酵素的东西来分解的。酶本身是一种具有特殊能力的蛋白质，由人体自身合成和食物补充两种途径获得。酶对生物体本身产生催化能力，生物体的化学变化几乎都是在它的催化作用下才能进行。

我儿子的幼儿园里有一个垃圾筒。有一天我送儿子上幼儿园的时候，发现垃圾筒旁边有一份资料，是教小朋友如何做肥料。就是把所有剩菜剩饭，加上一些类似于像消化酶那样的东西，其实就是微生物、菌群，然后它就会充分发酵，最后就变成了肥料。他们把这些食物分解出来的东西又重新倒回他们的苗圃。

我相信，所谓的“地力”就是干这件事情的。大地之所以是有肥力的，不仅仅是因为土，它有矿物质，有大量的各种微生物菌群，它们可以把鲜花、牛粪、动物的尸体、树叶全部又转换成一种分解出来的东西，从而形成所谓的生命力。

3.6

很多人说我们要膳食均衡，比如我们缺维生素 A，就要去吃维生素 A。我常常对此表示怀疑：你吃了维生素 A，它就能变成人体内的维生素 A 吗？可能不一定是这样的。

甚至我们喝下去的水，就是我们人体里的水吗？很多人都以为喝进去水，就能补充水，可能这是不究竟的。水喝进去之后，先经过胃流到肠子里面，它是怎么被分配到身体的每一个细胞的呢？水的分子结构不一样，有大分子团水、小分子团水。为什么说煮茶要用某一种水，比如用天然的露水、泉水来煮茶，喝着就甜，就解渴。我认为本质上是因为这种水是小分子水，水分子越小，越容易被身体吸收。

我们的身体要把大的水分子团变成小分子团水，一定要消耗某一种能量，甚至要使用某些中间介质来帮助水吸收。这个过程如果效果不好，它就会形成不能够被身体吸收的水，堆积在身体的各个地方，中医称之为“湿”。

其实，西医也讲水中毒这件事，但它更多地是指水不能被肾吸收的情况。我认为，水在身体里与各个脏器、各个部分都有相互作用。如何把喝进去的水转化为细胞需要的水，大家对此的理解还不够。

3.7

中医常常讲“湿气重”。喝水多为什么会湿气重？不喝水怎么也湿气重？为什么说脾湿？我相信一定是由于这个水的吸收过程跟脾的功能有很大的关系，甚至这个湿还不仅仅是因为喝水，我们把食物吃进肚子里之后，它还没有被完全分解的时候，是以半分解品的状态和一些不能被充分吸收的水混在一起，于是就形成了“富营养化”。比如说太湖也有水，有很多的营养物堆积，太湖水循环又不好，这些营养物质就会刺激着发生作用。太湖堆积的营养物不能被整个太湖周边的生态系统所吸收和利用，于是它就变酸变臭。这事发生在身体里，就是传说中的酸性体质的形成过程。

所谓的脾湿，就是没有被分解的水和没有被分解的食物搅拌在一起之后，又不能被身体吸收，又不能被身体排出体外，它们在身体各个地方堆积之后所形成的这样的一个场，它无所不在。而这些原动力的缺失来自于哪里呢？都来自于心脏功能变弱、脾胃功能变弱、肾脏功能变弱，这就是上中下三焦。是上焦不力、中焦不力，还是下焦不力？所以不同的大夫入手治病，就有了不同的入手处。理论上来说，你不管用什么方法，因为它是一个整体的循环体系，这个地方的能量加强了之后，它必然会推动其他地方的改善。这个微循环体系一旦建立起来之后，它又可以像我们所说的“一炁周流”到“炁体源流”那样不断地转了。

3.8

除了前面谈的影响人整体的、自动的、周而复始的三个主要动力（心、肾、脾，即上中下三焦）外，还有一个因素，就是我们的起心动念。

本来你坐在这儿什么都不想，它自己会顺着该走的路走，因为它自己有一个压差，它是非主观控制的，非意志控制的。当你的心念动了，“我讨厌这个人，我恨这个人”，心就生出了不善。因为你恨他，所以你的身体就听到了一个指令——“我要消灭它”，但其实你又没有行动。你心念起来了，要干掉那个讨厌的人，但是并没有实际的动作，卡在那儿，又掉下来了；要干掉他，又卡住了。心里总在恨，又没有实际行动，反反复复，这个机制就像橡皮筋老拉老拉。不是每次都弹回来的，如果是弹了一半，这时候就会出现一种状况：它本来在循环，你说“我要去那儿，我要干这件事情了”，正好走到这里也不行，所有的能量要去支持那个地方，于是它打破了自己的周流，这个东西叫“识神一起，元神就灭”。

因此，张至顺道长反复讲要去识神，留元神。什么叫做虚无？什么叫做空？什么叫做去掉主观意识，去掉贪嗔痴？太上老君说“人心好静而欲牵之”，说的全是这个东西，都是由于你的起心动念在起作用。

我有一个中医朋友叫陈立新，他说，他就没有见过一个瓜娃子有腰椎间盘突出的。我猜想，可能人一傻，天真就来了，气血反而各得其所。

《庄子外篇·达生》中提到：“夫醉者之坠车，虽疾不死。骨节与人同而犯害与人异，其神全也，乘亦不知也，坠亦不知也，死生惊惧不入乎其胸中，是故迕物而不慴。”它讲的是，喝醉了酒的人从马上掉下来很少摔死，死、生、惊、惧不进入人的意识，所以遭遇外物的伤害却全没有惧怕之感。因为醉酒获得保全完整的心态，因此忘却外物，可见意识对人体的影响。我相信，没有意识的干扰，人的身体更有智慧。

外伤的发生尚且如此，内在的慢性病的形成会不会更是这样？

3.9

人的起心动念来自于哪里？你为什么会特别不喜欢这个人？是因为你有好恶。我们觉得这个东西好，所以想拥有它；觉得这个东西不好，所以不想要它。于是我们的烦恼就来了，得不到自己想要的，或者被迫接受不想要的，这就是人生所谓烦恼的根本。所以佛陀反复讲，一切的烦恼都来源于分别心。

那分别心来自于哪里？我常常讲一个例子。一滴眼泪在眼眶里的时候，你觉得它很美，它没有从眼眶里流下来。当它顺着眼眶和鼻子中间那个管道流进了鼻孔，又从鼻孔流出来，它也是流下来了，你为什么就觉得这一点儿都不优雅，一点儿都不楚楚可怜了？是不是同样的一滴眼泪，你却产生了不同的反应？这就叫有分别心。

3.10

当我们有了分别心以后，我们会产生贪、嗔、痴、慢、疑，就会产生五种情绪，那就是怨、恨、恼、怒、烦。这就是心和性的问题，也就是价值判断影响情绪表达。这里的心指价值判断，性指情绪反应。

每一次你的好恶一起来，你的气血循环就会发生紊乱，包括你所有的激素的分泌也会变化。比如你一生气，你的肾上腺就会被调动。肾上腺一起来就会产生一个状况，我们叫它“应激”状态。

这个应激机制一启动，就要为战斗作准备，于是我们血压就会升高，血糖就会增加。

国医大师陆广莘教授说他年轻时做过一个实验，他发现许多糖尿病病人都是性格急的人。性格急的人有两种情况：第一，什么事一来马上情绪有反应；第二，性格急的人吃饭快，吃饭快就会嚼得少，嚼得少口腔的唾液分泌就不足。吃得快还会吃得多，因为大脑还没有反应过来，你已经吃了很多。于是你就会形成过饱，过饱之后必定就会有一部分不能分解，这些垃圾就会堆积。再加上肾上腺的作用，就更加严重。陆老说，肾上腺分泌的时候，血糖浓度会增加。为了面对战斗，你经常肾上腺分泌加快，那么血糖就总是高，时间长了就变成了糖尿病。所以陆老说，一个人要治好糖尿病，他就一定要改变自己的心智模式，让自己的应激反应慢一点。当然，导致糖尿病的因素还有很多，大家可以各自百度一下。

3.11

佛家里面有一种修行的方法，就是每次说话之前控制三秒再说，走路之前准备起来了，停三秒再起。所以你看，很多的修行法门说，早上起床不要一醒马上起来，你要停一会儿再起来，其实都在说这个事。

就是用一种行为模式，去调整你过快的应激机制。在古代的时候，如果你的应激反应慢，你很可能就从树上掉下来了，或者你有可能被一头狮子吃了，或者你打不到猎物。所以古代那些应激功能强的人活下来了，他们的基因也更多地被留了下来。但是我们现代人与古人比有两个很重要的差别：第一，我们不再像以前饥一顿饱一顿了；第二，我们不再处于那种永远紧张的应激过程当中了。但是我们引入了新的应激状况，那就是各种竞争机制、各种贪嗔痴，于是就把我们的系统弄得比较混乱。

当然，我认为现代人最大的烦恼和焦虑来自于社交媒体。每一个在朋友圈里晒幸福的人都在告诉你：你有多不幸。曾经看到过一句话：所谓的幸福就是看到别人不幸的样子，所谓的不幸就是看见别人幸福的样子。这是人性。

而修行是看到别人不幸的时候，你也感到很难过；看到别人幸福，你也很高兴。这就叫“爱”，这就叫“仁”。本质上，修行就是改变你的情绪反应模式，让事倒过来。这就是“道”，这就是“反者，道之动”的含义。

3.12

什么叫做“了了分明，如如不动”？如如不动，不是说身体不动，它讲的是根本情绪不动。“他强任他强，清风拂山岗；他横由他横，明月照大江”，这是金庸老先生讲的九阳真经的口诀，很生动。历史上有很多高僧大德的故事讲的也是这个。寒山问曰：“世间有人谤我、欺我、辱我、笑我、轻我、贱我、恶我、骗我，该如何处之乎？”拾得答曰：“只需忍他、让他、由他、避他、耐他、敬他、不要理他，再待几年，你且看他。”苏东坡“八风吹不动，一屁过江来”，这说明修为还不够。

我们以前看这些故事的时候，都把它们当做一种道德品德课来看，其实这些本质上还是生理卫生课。因为你了解了，就叫做智慧。智慧就是你知道如何让它自己转，让它自己的微循环运转好。

我认为佛教里的“定”讲的也是这个。而儒家也提到“知止而后有定，定而后能静，静而后能安，安而后能虑，虑而后能得”，讲的也是这个。

治病有三大法门，第一大法门叫做“减少阻力法”。比如，我们身体里面已经堆积了很多垃圾，它已经阻碍了整个微循环的过程。我们以前想微循环，好像说的是在微观里面这个和那个的交换，没有想到在这些交换背后，还有一个大的轮回节奏——所有遍布全身的散点之间，像体育场里面那种人浪一样的过程。这个过程叫什么？叫“子午流注”，即基于“天人合一”的观点，人体的功能、病理变化等受自然界气候变化、时间和日月星辰等的影响而呈现出一定的规律。

中医认为人体中十二条经脉对应着每日的十二个时辰，由于时辰在变，因而不同的经脉中的气血在不同的时辰也有盛有衰。因此，人身体内的气血周流出入皆有定时，首尾相衔，循环流注。

3.13

有些人认为的微循环是什么呢？他只看到了在微观层面上的血液和细胞之间的交换，就是说他没有看到一个大周期。经济学分为微观经济学和宏观经济学。一个只研究微观经济学的人，他不一定能够从宏观上了解经济周期，所以许多技术派最后还是在炒股上会亏，因为他看不到大浪。他看到今天的起伏有百分之几的振幅就会买卖，每一次买卖都会有能量损耗，他要付交易费。所以技术派最终都挣不到大钱的；真正挣到大钱的都不是做技术派的，就是“八风吹不动，一屁也不过江来”的那种人。

巴菲特就是这种人。他是处女座，处女座有一个重要的特点：这种人比较长久。你研究一下，全世界非常有钱的人很多都是处女座的，他们能尽量减少微观的折腾。当我上升为处女之后，我更深刻地理解了这个星座的特色，那就是他非常敏感地看到这个事情的问题，所以他就想“算了，别折腾了”，他就不动。时间长了就形成一种心智模式，那就是“别折腾”。

一言以蔽之：我鄙视你，所以懒得理你。我不动就是懒得理你。所以有的“不动”来自于鄙视。

3.14

有一种药叫桂枝。桂枝是这种植物的最尖尖的部分。一种植物能够从地底下把水汽吸收上来，一直打到最远端，那个最远端的地方一定有某种能力，它在微观的循环上起作用。

对桂枝的科学研究证明，它的确可以改善微循环。这就是“桂枝法”的核心。所以为什么说一本《伤寒杂病论》就是一个“桂枝汤”治半个天下病。为什么《伤寒杂病论》的第一个方子是“桂枝汤”？从这个角度一理解，你就发现“桂枝汤”真的很神奇，因为它能改善微循环。中医用了一个词，称它为“解肌发表”。

改善了微循环之后，身体自己会解决问题。微循环改善了之后，对心脏的压力负荷就变小了，因为以前需要用十个牛顿打出去的东西，现在阻力小了，你只要用五个牛顿就可以了。所以“桂枝汤”就能够治高血压。你看李可老师在讲“桂枝汤”症的时候，他就是这么讲的，这是李老过世了以后，我在他留的一份手稿里面看到的。我一下子看懂了，我说：“师父，弟子终于明白你讲的东西是什么了。”

3.15

除了“桂枝汤”，还有什么东西可以改善人体的微循环呢？细辛，还有麻黄。《伤寒杂病论》的“麻黄汤”也是做这个事情的，但是它们的作用稍有不同，什么时候该用什么东西还是有细微的区别的，那就是更微观的问题的讨论了。

如果你不想用药，还有什么办法改善微循环呢？你可以拔罐、刮痧。拔罐和刮痧为什么会起作用？主要的原理就是促进血液循环，疏通经络。刮痧是将粘着在血管壁的瘀血清除到血管外，然后再经血液重新吸收进入全身的循环，而刮出的废物就从尿液排出。对于刮痧不易解决的肌骨疼痛、深层淤血，可采用拔罐法。

所以，我们的血液如果堵在微循环里面的时候，它就会形成一段没有办法参与循环的血液，但是我们毛细血管非常细密，身体就会说这个地方不畅通，就在旁边再开一条小微循环。

毛细血管和血管的最大区别是：血管是有血管壁的；而毛细血管就是一个细胞，就是细胞变成了一个毛细血管的壁，所以这个地方不行，它马上在旁边开一个。像互联网一样，为了身体的运转，不能说你堵了就没活路了，活人不能被尿憋死。没有谁能挡住天地转，这是互联网精神。也就是你控制了这个渠道，我就通别的渠道，水仍然蔓延开来。这就是微循环。

这也是目前需要拆除围墙的原因。你到了香港或者纽约会发现，那里不怎么堵车。路虽然窄，但哪条路都可以走。我们现在的城市道路主要是环路，环路是大动脉，微循环是各个社区边的小路，但已经被各大院堵住了。当然，拆围墙涉及很多物权、产权、法权的问题，但那是另一个话题。因此，城市小街小路的网状连接非常重要，直接的结果就是类似纽约、香港那样的大都市都会不那么堵车了。

3.16

我采访过一位老师，他说我们身体有一个机制，当你的没有生命力的血或者没有效率的血已经脏了，不能更好循环的坏血还在毛细血管里面的时候，它就放在那儿；但是如果你用刮痧、拍打、拔罐（拔罐其实就是压差，破坏了这个毛细血管的血管壁）的时候，痧就会渗出来。这时身体里面有一个东西叫巨噬细胞，它就认为这个东西是属于外来侵入的，它就有一个机制，会把这个东西搬运走，把它纳入到循环里面去。

为什么刮痧、拍打会出现淤青？说白了就是把毛细血管拍破，拍破之后形成瘀血，它弥散开来。就像一只苍蝇活着，你看不到血的；你把一只苍蝇拍死了，就看到一摊血。在身体里也是这样的。拍散了之后，它就会被吸收。

3.17

拍打的方法也需要注意，因为我们一个人巨噬细胞的分泌数是有限的，你一辈子能分泌的总量大概是差不多的。所以如果你很年轻的时候就用拍打方法，尤其是强力拍打的方法，用刮痧、拔罐的方法，可能到老的时候，你再需要的时候就没有了。

有一段时间有人老是推广拍打法，说拍打能治百病。本质上来说拍打就是改善了血液循环。张至顺老道长有一次终于忍不住了，他说，这是江湖上的雕虫小技，相当于你用这种很强力的方法迅速地调动了你本来可以使用一百年的巨噬细胞。所以他说，这叫“治了你的病，夺了你的命”，可能你以后少活了十年，但是那个时候你没有办法了。

因此一切医疗手段都可能有副作用，中医也概莫能外。我现在一见到那种号称能包治百病的中医师就不禁担心，中医就毁在了这帮人手里。开了差不多六年的医馆，见了近千位大夫，也采访了很多西医的权威，我越来越坚定地确信，大部分的病是很难被根治的，尤其是慢性病。你的遗传、环境、心智模式、行为模式、情绪模式是导致疾病的主要原因，医疗在这个过程中所起的作用非常有限。因为慢性病本质上是生活方式病、情绪方式病。所以，如果一个人不能改变他的世界观，改变他的心智模式和情绪模式，要想治好病，那是绝对不可能的。为什么当了一辈子中医的刘力红老师大力推广“性心疗法”？他讲的“性”就是情绪。刘老师发现，他在日常生活中，作为一名中医大夫，其实对于很多病真是无能为力。从来没有救世主，每个人都只能自己救自己。这也就是佛家讲的“自觉”，儒家讲的“自立”，道家讲的“我命在我不在天”的真正含义。

3.18

治病的方法除了减少阻力、改善微循环之外，第二个方法就是减少垃圾的摄入。因为减少摄入就减少压力，身体就腾出更多的资源去做清理的工作，否则它总是要应付你不断新加来的东西。于是就出现了节食、辟谷、喝小分子水、吃有机食物等各种养生的方法。

为什么有机食物更好呢？因为有机的东西已经在这个地球上生活很多年了，我们的身体有较为完善的系统去面对它，分解它。而化合的东西，因为是新合成的，所以我们的机体缺少足够的能力去分解它，于是就形成垃圾。这就是为什么很多的化学制剂，尤其是化学合成的药物，会形成所谓的医源性和药源性疾病。它在治疗你的过程中产生了大量的垃圾，最后这些垃圾用各种方法堆积在肝和肾里面。所以常年服用各种西药的人最后一定是肝肾衰竭，原因就在于我们对于化学合成物的不理解，就是我们身体缺乏对它的理解。

但是，我必须也要告诉大家一个真相：许多中药也会产生毒副作用，堆积在身体内，导致肝肾受损。是药三分毒，慎之又慎之。

3.19

大致说来，治病从三个方面入手：从上游减少垃圾摄入；从中间减少阻力；对已经形成的阻力，提高消化吸收和排出体外的动力。这个动力分成三个动力源泉：加强心脏动力源泉、加强脾胃动力源泉和加强肾的动力源泉。

有一种法门叫“补命门、补肾元”，就是滋补命门，调动肾气。附子在很大程度上就起这个作用。附子具有毒副作用，这种毒性尤其针对肾脏有刺激作用。有一本书，名字叫《反脆弱》，在台湾很流行。这本书讲了一个原理，就是我们的身体对所有轻微的伤害都有一种应激反应。比如说你小时候接种疫苗，那你的身体就开始对它进行反应了。但是不能过量，疫苗一定不能过量，打多了那就是毒。乙肝疫苗就是从乙肝病毒里面分离出来的，就是在最小的范围之内给你一点点，让你身体识别它，并且产生应激反应，于是开始建立某种正向的激励。

所以挫折对于小孩的教育是很重要的，因为有一点挫折他会接受，培养了他的抗挫折能力。现在很多小孩动不动就跳楼，本质上是小时候太没挫折体验。生命真的很奇妙。很多做得很大的企业家小时候家里很穷，所以产生了创造财富的动力，并培养了心智能力。同样，童年的适当挫折可以让人远离忧郁症。一想到北欧那么多人吃喝不愁，还要千方百计自杀，就是童年过得太好了。

但是问题又来了：到底多少是少呢？多少是多呢？

3.20

一个好的大夫也知道如何用轻微的毒副作用来刺激你的肾脏，让你的肾脏产生应激反应，瞬间调动之后开始运转。所以像附子这种东西不可久服。《神农本草经》里面讲药分上品、中品、下品。上品可以久服轻身；中品养性以应人，无毒、有毒，斟酌其宜；下品治病以应地，多毒，不可久服。附子属于下品。《神农本草经》和《本草纲目》最大的不同是：《神农本草经》是按照可以常吃、可以一般常吃和不能常吃来区分的，《本草纲目》是按照矿石、植物、动物来分的，这境界差很远的。

有一派中医就从肾元开始补起，改善的是下焦循环，推动静脉的回流，因为静脉的回流是以肾动力为主要动力源泉的。

3.21

另外一种方法就是改善心脏和肺脏，即心肺功能。但是因为我们的心脏已经是自强不息的了，你再加强它的话，它很容易形成高血压，心压是不能随便加强的。所以用这个方法要非常慎重，一般的人都不敢用这种强心的方法，除非到了最后的关头。

李可老师有一个很著名的方子，叫“破格救心汤”。但是这个方子一定要到危急关头才用，比如说人在已经死亡、心脏停止跳动的时候，你可以找一个泵去电他一下，弹起来。用过这个东西的人都知道，有时候打一下打不起来的，要再打一下。为什么呢？因为我们每个人的心脏是有振动频率的，必须要把那个东西调整到跟你的振动频率一样，才能激活。

3.22

还有一种方法是从中焦入手，加强脾胃的运化功能，促进身体的酶的分泌和合成，这就叫中气。所以《圆运动的古中医学》称之为“以中轴带动四围”，说的就是这个方法。

实际上，不管你用什么方法，后来发现还是要从中焦入手。因为哪怕你要治下焦的病，你也要把药先吃到肚子里面，借由肠胃的吸收，才能影响到肾。所以如果你的中焦，就是你的脾胃的吸收和消化分解的功能不强的时候，你治下焦的药就事倍功半。所以就推导出了增强动力这里面的核心观点——从中焦入手，这就是李可老师整个圆运动的中气理论的核心。

3.23

怎么加强我们的中气呢？有很多种方法。第一种方法是去掉胃里面的那些不干净的东西。每一天我们都吃很多不干净的东西，我们的身体就用一些类似于像痰一样的东西把它包裹起来，就像你吸入足够多的脏的空气，你会发现有很多的鼻涕一样，鼻涕其实就是把脏东西包起来的这么一个能力。我们吃了很多脏东西，胃酸就会对它进行分解。很多小孩子小时候鼻涕不擤出来，全都吞到肚子里去了，所以很多小孩得肠胃炎。为什么会得肠胃炎？其中一个原因就是把鼻涕吃到肚子里了。鼻涕就是细菌，带着很多细菌的一坨介乎于气体、液体和固体的东西，被吞到胃里面，胃用胃酸来进行分解。胃酸其实是干这个事，但是它不是永远都有效。而且还有一个很可怕的事情，就是如果它没有被充分分解就已经顺着胃进到肠道里面的时候，就会对肠道进行感染，这个大家都是知道的。

3.24

很多小儿肠胃炎，其实是因为吃了不干净的东西，又吃了雪糕这样凉的东西。这个胃要有热能，它才能分解。很多酶的作用机理，基于一个很重要的前提条件，就是必须有一定的温度，它的酶才有用。当胃的温度降低的时候，这些本来应该在胃里面被消化的垃圾、杀掉的细菌就会进入肠道，于是就会对肠道产生感染。如果再不能够被杀死的话，它就会去到肠道的末端，这就叫做痔疮，它淤在那里就是痔疮。在肠道里面有大量的宿便，也为这些垃圾形成了足够的生长条件。所以有另外一派的学术观点，认为应该以清肠为主，就是你得把胃和肠里面的垃圾先拉出来。为什么大家要拉肚子呢？就是要减少在体内受伤的机会。所以拉肚子是一个身体很重要的反应机制，有时候身体的智慧超乎我们的想象。

说到这里，我顺便跟大家分享一些我读《伤寒杂病论》的心得。这本书所有治病的方法都服从一个法，这个法就是：你如何把身体不需要的东西排出体外？所有你开的方子都是帮助实现这个目的，从上面是吐法，从下面是泻法，还有汗法，无非就是这几个方法。小孩子吃了脏东西拉肚子，说明他还有这个智慧，有这个能力。而我们很多成年人已经没有这个能力了，只是堆积在那里。

前一段时间有一个新闻，讲在国外有一个餐厅，很多人吃了那里的食物中毒，只有一个中国人没有中毒反应。我们已经练就了“百毒不侵”。

3.25

有些小孩为什么会发烧？是因为他的肠道蠕动变差。这个时候，他的屎就不能推出体外，他又吃了那么多，父母又很担心小孩子饿，使劲地塞，他又不拉，就在肚子里面形成一个化粪池，或者叫“人体沼气池”。这个化粪池产生大量的热，这个热就会顺着我们身体的各个管道往上冲。肺本来应该是保持一定的温度不能太热的，否则的话它无法转换，它不能把升上来的水蒸气变成可以下降的水。这被称为肃降的功能，肺主金，说的是这个事情。大量的热能涌到肺里的时候，肺就开始出现应激反应，这个应激反应我们称之为肺炎。所以小孩子的感冒发烧，往往就是在这样一个循环机制之下产生的。所以我治我儿子发烧，第一个方法就是拉屎。不管用什么方法，先排便，然后想办法让他出汗。

后来我发现，小孩发烧还有其他原因，受到惊吓也会发烧。有一次，京城各大中医高手齐聚北京，我儿子正好发烧，他们个个摩拳擦掌。林杰大夫率先出手，在几个穴位按了一下，居然退烧，我非常诧异。原来，有一种情况，那就是人一受到惊吓就会分泌肾上腺素，因为肾主恐。而肾上腺素是人体非常重要的激素，它的瞬间大量分泌就会让身体处于一种快速集聚能量的状态，因此导致身体体温升高。

3.26

要想提高胃的动力，提高胃的温度就非常重要了，或者减少胃受寒的几率就变得非常重要了，因此中医会反复跟你讲不要吃冷饮等。于是就形成了所谓的“补土派”，补土派的核心就在于用各种方法改善胃和脾所代表的消化器官的正常功能。

为什么很多方子里面要用到大量的姜？因为姜的性是热的。你看《神农本草经》里面把药按四气五味分，五味有酸、咸、甘、苦、辛，四气有寒、热、温、凉。因此即使是把从冰箱里面拿出来的姜吃到肚子里面，它也是热的，因为它的性是热的。这个性是热的，本质上来讲它能刺激你的胃，令你的胃瞬间加强热量。不是它自己有热，而是它有一种能力，能够启动你胃的蠕动，增强你胃蠕动的能力。所以姜就变成扶阳派很重要的一味药了。当然干姜跟生姜又有不同，怎么用那是另外一回事。

还有红糖，它对于酶的分泌效果有很大的帮助，所以红糖姜水变得很重要；而且糖可以补充我们身体的热能，因为糖是可以直接转换成热能的。

3.27

现代社会里面有一个东西非常危险，这个东西就是二氧化碳。以前的人类摄入的二氧化碳远不如现在多。

我们说地球现在已经出现了二氧化碳过量，二氧化碳过量会导致地球臭氧层的破坏，当二氧化碳遇到水就会形成一个东西，这个东西叫碳酸，碳酸会进行腐蚀。我们以前没有那么多机会摄入二氧化碳的，因为以前吸进的空气都是含氧量较高的。现在二氧化碳很多，吸进体内的空气本来二氧化碳就多了，然后我们还抽烟，所有的草都是碳原子合成的，烟草在燃烧的过程当中就会产生一氧化碳和二氧化碳。因为我们大部分的人是用嘴抽烟的，而不是用鼻子抽烟的，这个烟所产生的二氧化碳，它更多的不是进入到肺，它是从食道进入到胃。所以抽烟真正的伤害不仅仅在肺上，还在胃上，所以很多抽烟的人都有胃病，原因在这里。

二氧化碳进入胃以后，和胃里面的水结合，形成了碳酸。这种碳酸不是胃酸，它是另外一种酸，这种酸会让我们的胃产生很多的病变反应。

3.28

除了抽烟会对胃有伤害，我们还会喝含二氧化碳的水，这也会给身体带来许多危害。我采访台湾著名学者王唯工教授的时候，他反复强调二氧化碳的危害。这包括各种带汽的水，香槟、气泡酒、有糖无糖的可乐，这些都含有大量的二氧化碳。其实我们都不知道生产一罐可乐需要多少二氧化碳，如果我没有记错的话，应该是一个立方。你打一个膈，你能呼出一个立方米的气吗？不可能，大部分的二氧化碳都溶于水之后进入我们的身体，有一部分会把热量带走，这就是碳酸饮料之所以受欢迎的原因。说喝可乐特解渴，因为它能解热。

但是还有很多的二氧化碳无法被带走，它就跟我们体内的体液融合，形成了碳酸，这种碳酸就是酸性体质的源泉。这个东西导致了许多现代病。因为二氧化碳摄入过多导致的病，这个病跟地球的病是一模一样的。地球要节能减排，身体也需要节能减排。我们讲的所有的地球上最流行的各种环保组织所用的术语，完全可以跟中医的说法结合起来。因此，真正的中医是这个地球上非常节能、环保、低碳的生态环保理念，也是最可持续发展的一套体系之一。

在这个层面上而言，中外的理念并不冲突，中国人也不必在文化和价值观、正义等方面，觉得低人一头，自惭形秽。

3.29

喝太多碳酸饮料有百害。为什么德国人和美国人胖子很多?因为他们喜欢喝可乐和啤酒。可乐和啤酒里面含二氧化碳是关键因素。因为二氧化碳在身体里面形成碳酸的时候，它会对我们的脏器和骨骼形成腐蚀，身体为了保护它，找到了一种很有序的方式，这种方式就是用脂肪包裹它。

所以你把老母猪的身体打开之后，会发现老母猪身上有很多气泡，就是这个东西。我们身体里面也是这样，当碳酸在肝脏里面的时候，身体为了避免这些酸性体液对肝脏的影响，于是就用脂肪把碳酸阻隔起来，于是就形成了脂肪肝。当然，说二氧化碳导致肥胖的论点并不全面，因为导致脂肪肝还有其他原因。

很多人都说脂肪肝是脂肪导致的，其实有很多很瘦的人也得脂肪肝，有可能就是由于二氧化碳造成的，因为脂肪肝产生的脂肪其实也是一种自我保护机制。

（本段观点来自王唯工老师《气的乐章》，如果有道理都是我抄的，如果不如法一定是我的理解有错。）

3.30

为什么我们有一些朋友长得很胖？他说：“我挺节能的，我晚上都不吃饭了，为什么还长这么胖？”因为他从小喝可乐，这个可乐就会让肝变成脂肪肝，脾脏也用脂肪包裹，很多脏器都用脂肪包裹，甚至我们的肠道都是这样，每个地方都堆满脂肪。

要想去除这个东西该怎么办呢？于是就有了解决这个问题的一个思路——中医的思路：那就是提高身体的含氧量，因为只有氧能够燃烧脂肪。这个脂肪要燃烧必须要两个条件：一个是有足够的物质，另外一个就是有氧气。燃烧脂肪，一定要有氧，没有氧它不会充分燃烧。它只有燃烧了以后，才会以气体的方式排出。

3.31

治疗疾病并不是都要依靠药。为什么用针灸不用药也有效？

针灸是在局部进行刺激。针灸是微创，在最应该微创的地方，用最小的微创带来的应激反应。所以大部分高手都是用很少的几根针的。

一只加利福尼亚州的蝴蝶扇动翅膀，会为纽约带来一场雨。重点是，在什么时间、在哪一个地方扇动了翅膀会带来这场雨呢？一个真正的针灸高手，就知道用最小最小的一根细针，在你身体的那一处亚马逊丛林振动一下翅膀，带来了一场内在的暴风雨，这才是真正的提挈天地、把握阴阳。用最小的干预来改变你整个的循环体系，这涉及一个很高的东西，涉及你身体的信号学。

这就是一人一穴的意思。我曾经见过一位老师，他说每一个人都只需要扎一针就可以治那个病，关键是在哪一个地方、什么时间、以什么样的角度和什么样的速度扎进去，扎多深，扎完了之后是左旋三旋还是右旋三旋。如同你开一个密码箱一样要左三下右三下，为什么你扎针就不可以适用这个方法呢？

不过，我还要告诉大家，这位老师曾用一针把一个咳嗽三个月的媒体人治好。后来他又帮我扎了几针，治我的失眠，结果无效。

3.32

针灸里面最重要的是无上心法补泻法、子午流注灵龟八法。结合一个人的出生年月日，因为这个出生年月日一定就是他“一炁周流”的时间点。但是这个东西非常微妙，非常精深，原理上是这样，一般人做不到。我也没见过每次都能做到的人。

所以，什么叫病？病就是气不足。我们讲的这个气就是整个微循环的态势，这个态势不能够形成有利的周期，它的周期不能有效地、有力地推动这一切，不能做到气势如虹，节奏有序。

气势不如虹就不行，但是你也不能老是气势如虹，因为这个气势如虹会带来很多的副作用。所以要保持在最低能耗、最小功率下的带动。低碳环保就是说，当你不需要翻山越岭的时候，你尽量选一些平缓的路面，用 1.0 马力的车，你开过去就行了。你为什么一定要“嗡嗡嗡”用大马力的呢？那很不环保，很不节能，而且也不高级。

我近几年采访很多国医大师，有的时候也请他们给我开个方子，我发现效果不明显。我开始的想法很阴暗：可能国医大师是想用很安全很安全的方法来保持自己的名声，他已经不需要我一个病人来证明他很牛了，他是国医大师，他很厉害，他已经不需要来证明他的厉害了；他只要减少一个可能的风险和危害，只要不犯错就行了，稳着来。

后来我知道是我太低级了。后来有一位老师跟我说，任何一种病的治疗都有副作用，如果能用缓慢的方法，用最轻的刺激让你的身体借由循环改善来实现推动整个机体的恢复，看起来虽然慢点儿，但对病人的损耗会更少。

3.33

有一部很有意思的书，书名叫《失控》，作者是凯文·凯利。凯文·凯利作为一名互联网生态研究学者，《连线》杂志的创始主编，他很深刻地洞察到了互联网演化的方向。互联网让我们重新站在时代的前沿，看待一个很重要的话题，就是生态均衡性的问题。生态它自己会进行自我的调试、配比、排异和吸收。而对待这种生态最好的方法是什么呢？是用所谓看不见的手对它进行积极不干预。

长期以来，我们在经济学里面一直有两个很重要的争论，一种是凯恩斯主义，另一种是以亚当·斯密为代表的自由经济学派。当然，最后你会发现，纯粹的完全的不干预很危险，因为凯恩斯说：最终这些都会平衡的。但是最终我们也会死的，有可能在平衡之前我们死了怎么办呢？

我们必须要在某一个时间节点完成这个事，于是就形成了一种很重要的思维方式，那就是用最少的干预达到最可持续的结果，这中间的分寸拿捏只能用艺术来形容。许多政治家在讨论这个问题时，也只能含笑不语。那就是尧传位给舜时用的十六个字，“人心惟危，道心惟微；惟精惟一，允执厥中”。它就是说人受到各种贪、嗔、痴、慢、疑的影响，它会很危险。它不一定按照你认为好的方向和方式去做或者思考。

但是世界趋势的变化又以既微弱又精妙的方式在演进，你如何在正确的趋势和人们的心智之间保持平衡呢？你需要很小心翼翼地，像一个真正的平衡高手那样，把握中间态。而这个中间态又不固定，它就像骑自行车一样，在运动中保持平衡。

3.34

现在很多人耗神并不是说他看书看得时间长，是因为他同时在八个角色之间切换。微信之所以让我们身体不好，不是因为你看了三四个小时，也许三个小时你专注地做一件事情，哪怕是很清楚地画一幅唐卡，你并没有那么累的；而是随时的出入，还没进去就出来，这种状态才是最耗神的。

我的一个很好的朋友林杰老师，他说天下无病。他反复讲这个东西，其实就是因为我们一旦被这一个病名在这个位置上表达出来的症状所吸引的时候，我们就开始走入歧途。再继续走下去，都是错误的道路，因为我们走偏了。其实我们只能做一件事情，就是帮助这一个循环体系重新恢复它应有的状态。

好的中医就是帮助你在生活中调整，这一次让你往左一点点，下一次往右一点点，再下一次可能又往左边一点点。所以，中医的“中”不是中国的“中”，而是让生命处在中间态、平衡态，即“中道”，这是这个医学体系的伟大所在。

不过，后来我接触了很多优秀的西医，我发现他们也完全认同自体的免疫能力，让自组织自平衡。人为地对立中医、西医，本身就不符合中道。

3.35

什么是“先天一炁”？

我们有两个很重要的生命节点，这对于每个人来说都很重要。第一个生命节点就是你成为一个受精卵的那一刹那，那一刻你很受惊。

由于地球处在自转和公转的状态，它的自转会带来它的惯性；它的公转会带来一个它受到哪一些地球以外星球的磁力线的影响，我们称之为引力影响。我们知道，在太阳系当中，对地球影响最大的是七颗星：一颗是太阳，一颗是月亮，这是一对阴阳；另外是金、木、水、火、土五颗星，这是离地球最近的五颗星——其实别的星也会对地球有影响。

我们两个最重要的生命时刻，除了刚才所说的是你在成为受精卵的那一刻；另外一个时刻就是出生的那一刻，那一刻我们开始用肺呼吸。这究竟意味着什么呢？我们后面会讲到。

因为我们每一个生物都受到宇宙磁场的影响，这个宇宙磁场一定会给我们带来周期性的影响的。就像葡萄酒一定有葡萄酒的年份，如果你承认葡萄酒的年份，你为什么不能承认人有年份呢？

这个 83 年年份的人跟 83 年拉菲一样，他可能就有那一个年份的特征。那么除了年份，还有月份、日份。所以每一个受精卵在他形成的那一刹那，他一定在结合的过程当中受到了某些磁场的影响，这个磁场的影响非常非常微弱，但它是有影响的。

3.36

宇宙磁场对人的受精卵形成和出生时刻的影响，就像打高尔夫球击球那一刹一样，它决定球的方向和角度。

在娘胎里面的时候，我们的血液循环是被我们的母亲的血液循环带动的，我们是没有呼吸的，我们靠脐带与母亲连接，所以母体对我们的影响是很大的。在我们出生的那一刹那发生了一件非常重要的事情，就是大气一下压进了我们的肺，于是我们开始建立起了我们自己的循环体系。

所以历史上有一些铁板神算的高人，都是要选你这两个时间作为参数。关于铁板神算的故事，我想起杨绛先生在《走到人生边上》中写到“人生有命”的时候，提到她家里发生过的事情。那就是她大弟突然去世时，正逢有算命的经过，于是：

瞎子一手抱着弦子，由女佣拉着他的手杖引进园来。他坐定后，问我们算啥。我们说“问病”。二姑妈报了大弟的八字。瞎子掐指一算，摇头说：“好不了，天克地冲。”我们怀疑瞎子知道我家有丧事，因为那天大门口搭着丧棚呢。

其实，我家的前门、后门之间有五亩地的距离，瞎子无从知道。可是我们肯定瞎子是知道的，所以一说就对。我们要考考他。

我们的三姐两年前生的第一个孩子是男孩，不到百日就夭折了。他的八字二姑妈也知道，我们就请瞎子算这死孩子的命。

瞎子蹭手掐指一算，勃然大怒，发作道：“你们家怎么回事，拿人家寻开心的吗！这个孩子有命无数，早死了！”瞎子气得脸都青了。

我和弟弟妹妹很抱歉，又请他算了爸爸、妈妈、弟弟和三姊姊的命，其他姐妹都是未出阁的小姐，不兴得算命。瞎子虽然只略说几句，都很准。他赚了好多钱，满意而去。我第一次见识了算命。

我相信杨绛先生无需为一本书增加“新奇特”而讲一个真实的故事，这一定是有道理的。读者可以去了解，谈命理的书都从出生时间这个点开始推。

“生”之四 | **生活**

我们到底怎么看我们的生活？我们似乎都处在这样的状态里，好像什么都还可以，但又不是很纯粹——我到底是应该像中流砥柱一样负起责任，还是应该随遇而安？从民国时期开始，每一个中国人都在探讨这个问题：到底我们该怎么活着？

要有生命的觉知和生命的决定。首先你要尊重他的生命业力，同时要转他的业力到他的愿力上去，先迎合，后引导，这就是太极的力量，所以这两者之间是不矛盾的，既要抓住他的业力、习惯，又要在一个恰当的点，以一个合适的机缘转到他的自主和自觉上来。

4.1

人生是“愿力”重要，还是“业力”重要？

这没法思考，只是选择。

我选择愿力驱动，因为“天行健，君子以自强不息”，阳主阴从。在不知道该怎么办的时候，用愿力可以有更好的定力。

有的人为什么定得住？关键是他有愿力，有愿力可以有更好的定力。愿力不是在神灵面前许愿“你给我们多少钱，我就回来还愿”，发愿是拿自己整个生命与众生交换的过程。无论是地藏菩萨的十二大愿，还是药师琉璃光如来的十二大愿，讲的都是怎么样利他。后来，我发现一个秘密，那就是当你真正全心全意地利他时，你会拥有超乎想象的能量。这一点我在自己身上经常发现，具体的故事就不在这里讲了，以免被认为“怪力乱神”。反正我是深信不疑。

4.2

有一本书，书名是《现在发现你的优势》，这本书是盖洛普公司做的。书的内容讲的是他们经过统计发现人类有三十二种优势。我做过测试之后，发现我的优势就是把不相关的事情变成相关的，那就是连接。

所以很多年前我在凤凰卫视工作的时候，做的节目就是把碎片化的娱乐事情、财经事情变成一件事情来讲。现在回过头来看，那是我最愉快的一个工作，对我来说，那是我非常享受的一个过程。我努力地把我接触到的很多养生、生命、管理、发展、困惑，反正大家在微信上看到那么多碎片的东西，尽可能变成一件事情和大家分享。

为什么我有这个信心呢？有一天我采访了王唯工老师。他以前在约翰霍普金斯大学学神经科学，后来在纽约做西医；再后来陈履安就把他从纽约请回台湾做西医和中医的比较。他试图用现代物理学、生物物理学和神经科学去和中医很多的知识和逻辑进行嫁接和连接，写了三本书叫《气的乐章》《水的漫舞》《气血的旋律》。他用他的方法讲述了我们中医看到的气血观念。我觉得他的观点能很好地帮助我们把所有的碎片知识连接在一起，让那些独立的小岛慢慢慢慢地连接成一个完整的大陆。

当我产生这种整体感的时候，突然发现任何细节都是有意义的。比如最近，几个特别有意思的新闻被摆在了同一时间呈现给了大家，一个是奥巴马邀请欧盟十国的领导人去美国开会，另一个新闻是印度和美国共用军事基地，第三个是日本和菲律宾进行了军事合作，这几个细节被连在一起的时候，你就会感觉到“山雨欲来风满楼”。再对比香港的混乱和台湾当前的状况，我产生了一种强烈冲动，为我们的祖国深深祈福。

其实，每个人都受制于他的业力，比如你的出生时间、童年教育背景、体质，甚至你的名字常常被叫所产生的对你的暗示。我们的文字是象形文字，每一个字都是一个符。当然这并不是不可以改变，我后来去参加一个课程，那个老师就讲，许多人都没意识到透过后天的努力，尤其是心智模式和行为习惯的改变，可以整个改变你的命运。所以才有了《了凡四训》。而且当你发的愿越大，你越希望去为众生服务的时候，你改变自己的推动力就越大。

在大学我是学电视编导专业的，我们宿舍共六个人，五个人都没继续拍片子，只有一个人一直在拍，终于拍出来一部叫《睡在我上铺的兄弟》的热门网剧。目前也是时尚导演，前几年请了影帝梁家辉出演他的片子。每次看到他，我都深深地感觉到一个人的愿力是可以突破业力的。

如果不是因为立品的黄明雨先生，立志要把这本书出版出来，可能二十年后这本书也不会出版，它们就是一堆散落的稿纸，分散在各部电脑里面，不知所终。

所以我觉得生命一直被业力也就是过往的种种惯性所牵引，但是它也受到我们愿力的作用。我以前是个宿命论者，很相信业力对我们决定性的影响。甚至以此为借口，推脱自己努力的可能，放弃让自己变得更好的可能。

但是人过中年之后，反而借由挫折生出一种坦然的发愿。梁漱溟先生说过，人生的第一个阶段受欲望和恐惧的驱使去获得很多东西，包括财富和权力，来避免自己受恐惧的困扰。当获得这些东西之后，他发现他并没有满足，他也并没有免除恐惧，于是开始出离，甚至厌离，用消极的态度过清贫的生活。他离开人群，以为靠独自的修行可以改善这一切。当他持续往前走的时候，他发现这种厌离的生活实在是无趣透顶，而且对自己并没有多大的帮助，于是他又走到第三个境界，就像孔子所说的那样，到达“明知不可为而为之”的沉静，真诚地努力，尽人事知天命。也不讨论鬼神，也不随便算命，按照一个让自己的灵魂更完善更高级的方向去努力，能做到多少就做到多少，它唯一的结果就是到老的时候，不后悔。至于做不做得到，已经不是他关心的问题了。

这就是人生三重不同的境界。当一个人有了这样的发愿，他就会发现他的生命开始呈现出勃勃生机，而这种勃勃生机并不像孩童时期那样受荷尔蒙和恐惧所笼罩或者驱使，而是更加缓慢而坚定地前行。我认为这是儒家思想非常美妙的地方。后来我才发现，原来佛家也讲发大愿，道家也讲“我命在我不在天”，其实殊途同归。

所谓的生机就是在绝望之后产生出来的，“你爱不爱我，我都爱你；你需不需要我，我都存在”的那样一种坚定和执著。我觉得这就是生命力在人生不同阶段的一个升华。如果以此来推而广之，当你发现在一个不性感的行业，不是金融也不是互联网，也不是央企，然后你碰到了一批不那么精明强干的同事，甚至发现你自己也远不是你自己想象的那样聪明能干，然后你是否还愿意坚持去做你现在坚持在做的事？再比如说，当你发现你已经有这样或那样的病，从高血压到痛风，到糖尿病，各种可能，甚至还有这样那样的家族遗传，你是不是还能够活好每一天，该吃吃该喝喝，你是否还愿意很快乐地生活？再比如，当你发现你的老公又自私又发胖又不能挣钱还另外有女友，是否还能仍然像你本来应该做的那样，给他一个肯定的微笑，点一下头，问他是否有脏衣服要洗？这已经与他无关，而是你是否愿意做出这样的选择。

以上的就是在生活、生病和家庭等这一类日常作业当中，我们升起的一种定力和慧心，所以“戒、定、慧”是一直贯穿在这里的，《大学》里面提到的“修齐治平”也是贯穿在这里的。所以处处见生机讲的是，生机并不是与生俱来的，而是经由纯正发心而来。你决定有，于是就有。你有光，于是世界就有了光。你就是上帝，你就是佛。

4.3

又说到我的小故事……

从 2004 年我立志要去学中医到今天，这个过程里面，我的心路历程很有趣。

刚开始的时候，我会见到很多很厉害的人：这个人针灸很厉害，那个人踢一脚很厉害，这个人点穴很厉害，那个人开方子很厉害……每一次都跟朋友们说：“啊，我今天又看见高人了！”过了一段时间，又发现也不然，也不究竟，好像他也有治不了的问题，甚至他连他自己的问题也没完全解决，就是郭德纲老师说的“山外青山，楼外青楼”。

然后就很困惑。后来发现不光是身体有问题，原来还有心性的问题，或者说以前的思维模式和行为模式对现在的影响问题。

自己的心一打开，我又碰到很多另一个层面的老师，以前好像这些老师不存在似的。一旦你自己的境界上去了，这些老师全来了。所以我一度特别相信：你是谁，你就会碰见谁。有些人根本不适合去读 EMBA，砸锅卖铁，非要混进这个圈，最后连班费都出不起。同学们众筹五个亿的资金，在微信朋友圈发红包，出手就是三千起，他也不知道是抢还是不抢。所以我常常说，也不必攀缘或者刻意穿透你所在的层面，否则必然面临穿透所遭遇的困境。

再然后又发现，原来这些老师讲得这么好的同时，如果你真的跟他很熟，你发现他也很郁闷，当他烦恼起来的时候他也真的挺烦恼的，一点也没有像他讲的那样：各种得道的神仙能够随时"菩提"。于是我又产生了新的困惑，这个新的困惑就是：唉，他们到底这样说是干吗呢？还有意义吗？既然他们都做不到，为什么我们要听他讲呢？然后又开始困惑。

4.4

后来发现，你有意识和没意识还是有区别的。就是说，这些讲授心性之学的老师，虽然他们有的时候在一个短暂的时间里面会陷入他们各自的烦恼里面，但是因为他们有这种知识，有这种修为，他们还是比常人要更快地走出来，或者显得更快地走出来。这也是一个很让人觉得钦佩和羡慕的事情。

于是我自己又到一个境界，就是对那一些讲得很好，但是做得也不够好的人突然产生了由衷的尊重和理解。起码他在"口吐莲花"的时候，那一种真诚和喜悦仍然带给其他人以信心。

前几年我和吴伯凡老师一起出了两本书，包括《欢喜》和《无畏》。这两本书连我的爸妈、我的舅舅他们看了都说："哎呀，写得太好了！"有时候我看也觉得真的挺好的。但是我很了解我是什么人，也比较了解吴伯凡老师是什么人。如果当你不认识这两个人，不认识梁冬，不认识吴伯凡的时候，你看那本书会觉得那两个人太厉害了；但是当你知道的时候，你也知道他不是假的，他也是在某一刹那很真诚地去表达了他最好的那一部分想法，所以一下子就穿越了。

哪怕你在看孔子、孟子、庄子、老子这些大圣贤的书，一下子也能理解孔子如此大的圣人，他一定很多时候也挺苦的，他一定也觉得自己挺苦的，甚至也挺烦恼的。

4.5

后来又有机会真真正正接触到一些我们所有人都认为是大德的人，我心里一下子就释然了，我就知道我不是在等着抓他不高级的部分。他很高级，大家都知道他很高级。有些人就在等着：“你看，我终于发现了他其实也是凡人，他也放屁，他也打嗝。”其实你不是要抓他，而是什么呢？你是要一下子觉得那个东西也是他的一部分，甚至是成就他伟大的那一部分的另外一部分。没有这个东西他也不会有那个东西，没有木棍也不可能点燃一团火，没有阳中的阴也不会有阴外的阳。坎中实，离中虚，离卦中间是阴，外面是阳，如果没有中间的阴怎么会有外面的阳呢？所以它们是全然一体的。火锅店用的甲烷喷到手上，感觉是很冷的，但燃烧起来又温度很高。还有，如果你用手去碰干冰，会造成像火灼伤一样的结果，热总是包含在冷里面的，热和冷本来就是一件事。这时候我们就开始接受一些东西了，于是就释然了。

4.6

2000年的时候，中国的电视业还没有开放，我在一家叫凤凰卫视的电视台工作。当时，由于大哥大姐都已经把各个重要岗位把住了，采访政要、明星、财经界名人、总理都是各个大哥大姐的专利。我被分配到做娱乐八卦节目，很苦，很傻，很天真，觉得自己很没有文化。

家里面有位亲戚在北大做教授，就说："冬啊，你在凤凰卫视挺好的，但是你要是能换个节目就好了。"言下之意是你的节目太接地气，不高级，但是没有办法，工作嘛。

其实我在大学里学的是传播学和社会学，我多少有一些哲学和社会学的底子吧。然后老想在娱乐节目里面有点八卦，在娱乐节目里面有点思考。再把思考得有深度的东西用八卦来解构，就是用剧情啊、张力啊这种东西来贴标签。然后用嘲笑别人的方式来彰显自己。在凤凰卫视的时候我就是个小屌丝，属于这个电视台里最不重要的人，被称为"梁继光"，就是哪个地方有个枪眼需要去堵，你就上。后来我禁止他们这样叫我，因为我心中有一份对英雄的尊重。做屌丝的时候你心里就郁闷，就经常在节目里调侃各种人，包括当时的各国政要、港台的很多娱乐明星，都被我们调侃、嘲笑、谩骂……为了制造自己，让自己爽，为了渲泄自己的屌丝心态，因此造了很多口业。

4.7

那时候，老是说收视率要高，电视台就是要收视率。作为年轻人刚刚出来，你知道讲点黄色笑话，讲一点别人不敢讲、中央电视台不能讲的东西是非常有效的。凤凰卫视反正不怎么管这种文娱节目，你乱讲，然后你收视率就高啊。那时候造成一个氛围，就是大家都讲。

我们就变成了国内电视媒体业把电视恶俗化、娱乐化、庸俗化的第一批人。那时候内地的电视台，像江苏卫视还在搞文艺，朗诵电视散文啊，拍一些很深刻的纪录片什么的。后来电视业终于开放了，全部都这样。当别人也都这样的时候，你就成了当时结果的始作俑者。所以我一下子就释然了，今天我偶尔受到别人对我的嘲笑谩骂，就是当年我对别人嘲笑谩骂的总集合——连本带利。

出来混总是要还的。

4.8

中国文化有一个很大的特点，就是怎么说都是对的，怎么说又都是错的。胡兰成就说过，任何一个成语对面都有一个也符合道理的成语，比如聚精会神是对的，兼容并存也是对的；格物致知是对的，难得糊涂也是对的。再比如说，什么是佛法？他就说：吃茶去。禅宗赵州和尚就是这样。为什么这样呢？你要一门心思研究什么是“是”的时候，它就告诉你什么都不是，那就是那个“是”。所以你会发现，为什么中国古代知识分子很少有变态自杀的，因为他需要出来做官的时候，他会说：“天将降大任于斯人，必先苦其心志，劳其筋骨。”“大学之道，在明明德，在亲民，在止于至善……”当他被皇帝老子撸下来的时候，他说：“采菊东篱下，悠然见南山。”“我要田园风光，千里冰封，万里雪飘。”但是又不能太远，就住在郊区，可能皇上还会让他复出。他怎么都合理，入世有儒家的一套体系，出世有佛道双修，老庄和佛家给他带来了很多的释然。

请问，中国古代的知识分子继屈原之后还有谁是主动自杀的？在我印象当中，西方的很多哲学家，最后不是自杀就是神经病，包括狂躁症、抑郁症，最后疯掉的。艺术家也是，比如梵高。屈原是因为和庄子是同时代的人，佛法没有传入。老庄之后，中国人的心灵里面就已经装上了五套以上的系统，随时可以拿来切换使用。老庄和佛法这两样东西直接造成中国人有一个很有意思的特点，那就是这个民族屡次遭到凌辱，屡次都能够活下来。元朝和清朝是很典型的例子。当时本质上来说，所有的汉人都变成了亡国奴。可经过几十年之后，这些外族人又提笼架鸟、写书法。我就没见过满人书法家的满文书法作品，他全是汉文书法作品，他创造了一种不那么会被消灭的可能性，他不自杀。但是当这种生活文化特征过度市井化之后，就会变成鲁迅先生所说的阿Q。

后来我查了一些资料，其实在宋明时期，就有一些大臣，为了能够名垂青史，以史相鉴，生生地用自己的正确把皇上逼成了一个昏君。你不得不想为什么这种事情很少发生在佛教更加流行的唐朝？在明朝就有，所以明朝的宋明理学在发展到一定程度的时候，就出现了那种以死相谏，非要跟你死磕的那种人，唐朝就很少。

4.9

四大文明古国只有华夏文明以这种方式活了下来。摄制《千禧之旅》的时候，余秋雨老师跟我说过，他们从埃及金字塔开车走，走回长城，有个很深的感触。这个感触就是现在的大部分印度人根本都不知道佛教是什么，印度人只有学宗教的研究生才知道佛教。古希腊是多神教，那是众神飞舞的文明，今天的希腊人不是古代的希腊人。今天的埃及人根本不知道古埃及人是怎么把金字塔做出来的，它这个法脉全部断了。当年的古波斯、古巴比伦今天在哪儿？只剩下了文明的遗迹。

而我们今天拿出《孔子》《孟子》《老子》，甚至是伏羲的东西的时候，好像现在跟我们还是相关的。我们的文化说得好听一点是包容性很强，说得不好听就是特别多元化，怎么都行。

比如说满人当时打进汉地以后，杀人如麻。扬州十日屠城，但是在这个地方生活若干年之后，最后全部都变成又写书法，又闻香，又研读儒释道，又参禅打坐……全都变成这样了。当一个社会风气开始普遍如此的时候，你就知道社会已经走到了这个朝代的什么阶段。我们其实要警惕了。

我们知道，在清朝末年的时候，正是中国香的消耗量最大的时候。当年道光皇帝在位，澳门被割让。但澳门根本就不是打仗打输的，据说是广东这些官员为了哄皇上开心，需要进贡大量的香。因为只有葡萄牙人能够弄来很好的阿拉伯的各种香，所以他们就打报告说需要一个地方来存藏香料，于是用和平的方式割给葡萄牙人的。当时还有一个很重要的香料上岸的区域，这个地方叫做“东莞”，因此那的香叫莞香。后来由于运香料来的船的吨位越来越大，一个东莞已经不够停靠了，于是又停靠在一个叫尖沙咀的地方，夏天的时候整个尖沙咀都是香料的味道，于是把这个地方改为香港。

4.10

回到主题，我们到底怎么看我们的生活？我们几乎每一个人都处在这样的状态里，好像什么都还可以，但又不是很纯粹。我到底应该理性，还是感性？我到底应该像中流砥柱那样负起责任，还是应该随遇而安？我应该追求生命的真相，还是洞察生命的空相？我到底是应该觉他，还是自觉？每一天这些问题都围绕着我们，这个争论并不是今天的我们才有的。在民国的时候，几乎所有的民国诸子像顾颉刚、钱钟书、鲁迅、傅斯年、胡适等，每一个人都在探讨这个问题——到底我们应该怎么样？答案是什么？

答案是：没有怎么样，不能怎么样，也就只能这样。

4.11

我们每一个当今的中国人，可能既是和尚，又是道士，又是读书人，又是唯物主义者，又是一个什么都不是的人，还是个隐隐的流氓。

这个状态就让我们的身体也会出现这样一种兼容并蓄的状态。这个状态在好的时候，体现了包容性；在它慢慢走向衰落的过程中，会体现为浮躁、矛盾和焦虑。结论是什么？结论就是，这就是我们的命运，我们只能接受。以前的人没有超越，今天也不可能超越。当然有个别人士，诚以真心……立下禅心。引用《大学》里的一句话，“知止而后能定……”儒家来做管理，佛家来掌慧命。我在山里面苦读十年，终于修出一点点坚韧和纯粹。除非你不要上网，你不看电视，你不用手机，你不跟人联系，你不出来吃饭，否则立刻给你变回去，变成血肉模糊的一个中国人。为什么称作“血肉模糊”？因为就是这个样子。

这就是我们“正安”墙上写的那一句话：正心，诚意，温暖，喜悦。“正安”的名字其实是从这里化出来的。正心诚意是儒家的精神，温暖喜悦是佛家的精神。就是以儒家来做管理，以佛家来通天地。

我们的病来自于哪里，很可能来自于复杂的东西带来的不确定性。我最近在读《大学》的时候就想到，一个人“知止而后能定”，这个“知止”，我们以前以为的“止”就是停止的“止”，其实错了，这个“止”是脚趾的“趾”，就是知道指向，就是我们脚趾朝着那个方向。知道我们脚走的方向之后，你才能真正坚定自己的意志，你有了这个定力之后，你才能够安静下来去走现在走的路。如果你不知道你会走到哪里的话，其实是很难的，这就是为什么孔子和孟子都活得很长寿的原因。我发现那些真正长寿的人，要么就彻底放下，什么都无所谓；要么就是那种意志很坚定的人，生命一直很顽强很坚定的那种人能活得长，像我们这种又不坚定又放不下的人，是最危险的。绝大部分人是我们这样的人。

4.12

我觉得自己很幸运，在自己年轻还算开窍的时候，碰到很多原装中国人，他们都特别爱自己的生命，都大致相信，生命是极其复杂、无法用刻度量化的动态系统。

说回来，我们的病来自于哪里？我们的病很可能就来自于——

从系统上来说，就是这样的一种复杂性和多元化带来的不确定性。

有一个人叫查尔斯·汉迪，这个人很有趣，他是英国的管理学者，号称英国的“德鲁克”。他也是欧洲管理学派很重要的一个创始人。他有一本书，名字是《超越确定性》。他说了一句话很重要。他说：在牛顿时期我们开始似乎建立起一种什么是对的、什么是不对的这样的观念，真理在那里，你跟真理不一致你就是错的。这个观念在这个地球上已经存在几百年的时间了，以至于我们也被这样的观念所束缚，于是就形成了所谓的对错。

于是牛顿以后所谓的科学或者说那个时候的科学、简单的科学、初级的科学给我们带来一种观念上的东西，这个东西叫刻度。于是我们就进入了以刻度为标准的时代，我们的问题就来了。

这是一个人类的问题，而不仅是中国的问题，西方也有同样的问题。人类的问题源于它的复杂性和不确定性。

4.13

管理学里面说一个东西如果不能量化那就无法管理，这话似乎没有错。所以就有了国家经济以 GDP 为导向，电视台以收视率为导向，我们看机器检查身体拍出来的片子，就有了多少点以上就是病、多少以下就不是病的标准。

这些问题表面上看是各个领域发生的事情，政治的问题，GDP 的问题，电视台的问题……但是，谈恋爱的时候，我们怎么衡量两个人一周吃几次饭、见几次面就叫爱呢？没见几次就不算爱呢？你显然不能用一个指标来衡量这一类事情。我们都知道爱情是很微妙的，碰一个手指还是碰两个手指，看的时候看一秒钟还是两秒钟，它很微妙，正是因为它无法用刻度衡量，所以它弥足珍贵。

4.14

现代企业管理为什么有那么多的公司越搞绩效死得越快？索尼公司新任的 CEO 说绩效主义害死了索尼，为什么？

可以说当今医疗最重要的问题就是我们开始不再注重——睡不睡得好，吃不吃得好，拉不拉得出来，是不是还有力气谈恋爱，是不是还活得长？这些在刻度面前都变得不重要了。对于医疗来讲，重要的东西转化成一系列白血球、红血球、血糖、血压等指标。这种指标是经验相关值，但是它一旦变成你只看重的一个东西的时候，你所有的行为包括你的思维模式都走向了一个僵化的方向。

古人早就知道刻舟求剑是个笑话，但是现代人以绩效主义、刻度主义来体现，把我们对生命状态的体会变成一堆参数。

4.15

有一个很真实的故事。我的一个好朋友经我推荐去找一位中医大夫看病。他的胆固醇很高，脂肪肝很严重，各个指标都高，原来吃西药控制得挺好，但是他就觉得自己吃饭不好，睡觉不好，很难过，反正周身不舒服。然后他就找了这个中医大夫，这个中医大夫就是按照中医经典的方法阴阳和合、阴阳平衡、升降沉浮等去给他调理。调理一段时间以后，我的朋友说我觉得挺好，信心满满地跑去做体检。体检结果是他的指标自从停了西药以后，“啪”的一下子飙得很高。但其实他在做体检之前呢，他觉得挺好的，在调的过程当中，睡觉也睡好了，吃饭也好了，什么都显得挺好的，只是指标不正常。

他本来这三个月过得挺愉快的，觉得很有信心，所以他才敢去做体验，挺高兴的，一体验回来后，马上他一个人就呆在那儿，因为那个数字比他去看中医之前更差了。这种事情，我相信许多朋友多少都有类似的经验和体会。什么重要？是那个数字重要？还是你的感知重要？

有可能短暂的数值变差，是即将变好的前兆。就有如你要装修一个家之前，房子短时间会变得更乱一样。

4.16

我在学医的时候，李可老师跟我说，有很多老年人到了七八十岁的时候都会有癌症。以前得癌症的人少，可能是因为以前的人活得短，还没有到得癌症的时候就已经死了。因为阳气不足，阳不足以化阴，它自然就会凝聚，阳气不足就阳虚了。结果李老说，当老人总是去体检、天天看刻度的时候，一发现问题就很焦虑，最后就吓死了。

李老说：有一些农村的老头呢，他也知道身体不好，但没钱，也找不到三甲医院的医生朋友，于是尽量地维持住，让自己活得还愉快，哪怕死也是在睡眠中安静地、愉快地死。李老就说：你到底要选择哪条道路？中医不一定比西医高级，不一定啊。大家千万不要认为我认为中医很好，不一定。我反复强调的是思维观念，这种观念就是——到底什么是重要的？重要的东西是可以量化的吗？

你睡得着还是睡不着觉，还需要带一个随身携带的机器来告诉你吗？现在不是有很多人都戴着手环嘛，美国现在很流行一个手环，每天早晨告诉你总共昨晚睡了多久。它告诉你睡得很好，其实你觉得你睡得很不好，那听谁的呢？周杰伦会说：听妈妈的。

4.17

我并不反对科学，我认为科学是一种不断质疑又不断求真的过程，我只是反对愚蠢、粗暴、简单的科学主义。因为科学已经发展到了很复杂、精微、很“不一定”的状态。量子物理学已经发展到这个程度了。我们大部分的人在中学课堂上所学的物理、化学，也就是我们以为的科学吧，以今天的物理学、化学发展来说很多都是不究竟的。

这话不是我说的，有一本书叫《爱因斯坦自述》。爱因斯坦怎么说？爱因斯坦论及他在小学和中学学的物理化学，他说：“今天来看，我认为不一定。”后来事实证明，爱因斯坦之后的物理学家也证明爱因斯坦也有他的局限性。所以真正的科学是不一定的，是模糊的，是多元的，是很复杂的、动态的，甚至是有和无都不能确定的。

而我们很多人，包括我们很多专家还活在上上个世纪的科学观念里。所以科学不是问题，活在初级原始的科学里面，并且以为这才是我要坚守的真理，这才是问题。有一个人说过一句话，当今的中国活着一群四百年前欧洲的幽灵。可能你就是，你不要以为不是啊。我们中学学的各种物理化学的东西给我们建立一种世界观，这种世界观就是说世界一定要充满了某种确定性，这本身就可能值得商榷。

最近我在太湖大学堂听中国科学院院士朱清时教授给我们讲述量子物理学如何帮助我们理解意识与物质的关系。他讲到量子纠缠，给我们列举了薛定谔的猫，也给我们讲到了波粒二象性。细节我就不复述了，大家都可以百度查到这几个相关字的描述。但是朱教授作为一名严谨的科学家，他反复跟我们讲，已经有越来越多的物理学家坚信我们的主观意识对于客观世界的影响是巨大的，而人作为一种有灵性的动物，我们在许多确定的事情面前的忽左忽右、忽生忽灭的转念是如何对这个世界构成影响的呢？如果世界变成了一系列的被量化的参数以后，人以及生存的社会是否最终变成一组比特流呢？如果真是这样的话，人还有什么价值？如果你不相信除了刻度以外还有一点什么的话，我觉得我们可以选择永生了，我们可以选择把我们所有的念头、情感都上传到云端的某一个服务器里，等待着以后可以随时下载到一块石头或者一个自行车里面。或许这也不是一件坏事吧。

如果世界只是基于数字或者数字之间的连接产生出来的意识的话，如果没有一个独立存在的意识，即人的意识，那么人只不过是一个即将被更高精度的、运算更高版本的机器取代的另一群恐龙而已。重点来了，我觉得我们的共同价值判断特别重要，如果我们都相信是这样，那么我们将被数字化的系统取代；如果我们都相信只有刻度，那我们将被各种阿尔发狗和阿尔发猪取代。只有我们相信我们仍然拥有这之外的独立的情趣和意志，甚至它是不生不灭不垢不净的，不被身体所限制的那样一个独立自由意志，我们才有可能在未来的数字化时代坚守人类的尊严，并且超越机器，成为更高版本的人类。

所以不要随便地被一系列的参数绑架，不要让一系列的参数绑架了你对生命本能的渴望。

4.18

关于“生病”的看法，有可能我们被导入一个状态里面。这个状态就是我们创造出来的概念所界定的疾病，和我们真正的疾病之间产生了误会。

难道恋爱测试软件测出来之后，我们的指标都是99%，你就真正爱上我了吗？我就真的爱上你了吗？不一定。咱们只能说不一定。问一下自己，往内求，你自己会知道。我们现在看所有这一切，习惯于向外求。

我常常在想为什么道家开始有内丹和外丹，慢慢地进化到以内丹为主，外丹越来越少。“精气神”，“精”就是最小的物质，“气”就是能量，而“神”就是意识面、信息面的，最不可捉摸。

很可能中国古人发现了身体是个实验室，是个超级化学实验室。你很难在我们身体之外寻找到一个替代物，因为身体的实验室可以拥有念头，念头的速度可以超越光速，而且念头是非物质性的，它就是意识。这些东西都让我们借由身体这个超级实验室在里面合成，或者是生成在身体之外的实验室不能分离出来的饱含意识的物质。

道家为它取了一个名字叫“内丹”，但是它可能只是一个概念，很可能它不是一团东西，它是弥散在我们每一个细胞里面的那一种开合状态，也有可能是一种唤醒我们干细胞自我修复生命受损的一种信号机制。

它无法用简单的语言来描述的原因，是因为我们现在所有使用的语言都是和我们以前所发明的机器和看到的世界有关，都是和我们的身体的敏感程度有关，或者说跟我们都是活在光速以下的体验有关，而语言是由这些体验所产生的。我们大部分人对世界的看法是简单的，是在三维体系里面的光速以下的体验，所以我们的语言也都是以此为基础而展开的。

现在看来，限制我们超越自己的其中一个囚笼，就是我们所发明出来的语言文字和概念。而生命本来就不属于语言文字和概念。在有语言文字和概念之前，生命就存在了，所以很有可能当语言文字和概念消失的时候，生命还在。讲到此处我突然想到“涅槃寂静”四个字，我突然体会到什么叫做“涅槃寂静”的状态，就是它一定是空，它一定是很安静的。

4.19

陆广莘老师讲过一句话，这句话他讲了很多遍，他每次讲我都有新的体会。“中医不知道病，所以他看懂了病。”这话显得不科学，但这句话是谁说的呢？是梁启超说的，并不是陆老说的。梁启超先生说：中医让你糊里糊涂地活着。西医现在进化得很好了，简单粗暴愚蠢的那种医学观念是让你明明白白地死掉。你会知道一切指标、一切方法，但你选择哪一种？是糊里糊涂地活，还是明明白白地死？这是一个觉者应该选择的道路。

不过我要强调的是，那是一个民国时期知识分子的世界观。近一百年来，整个西方科学和医学已经进入了量子时代。我几乎可以看到随着大数据的挖掘，随着人工智能的发展，很有可能是硅谷或者是中关村的某一些科学家，用他们新的一种神经网络的机器学习方法，而不是以前的刻度、建模法，模拟了生命的衍化过程，从而找到了一种更接近于中医所想要表达但又没有讲出来的一种医学观念和医学解决方案。

功夫是中国的，熊猫是中国的，功夫熊猫不一定是中国的。有很多人看到这里一定会觉得很迷糊，觉得我无法自圆其说，你到底是赞成还是反对呢？我必须说我赞成生命的独立性，相信生命的自觉性和自主性是非常伟大而独立的。但是如果人工智能真的像人那样去进化和思考呢？之所以我在前言里面曾经说过，这是一本注定充满矛盾并且充满了纠结的书，不是我的纠结，是我正好处在这样一个纠结的时间节点，五年、十年之后，人们可能无需再讨论这个问题了。

4.20

说四十不惑，原来在你四十岁之前晕晕乎乎、懵懵懂懂也是正常的，原来真的需要你经过一段这种混沌懵懂之后，到了四十岁之后，你就不会或这样或那样了，因为你发现其实你的人生道路只有一条，而且这一条几乎是可以看得见的。

这个事情很有趣。我现在处在一种过渡期，说的好听一点叫过渡期，说得不好听一点就是散漫期，但是我隐隐地感受到了立志的重要性。我明显感觉到生命的自主意识和自由意识是非常重要的。

这个意识就是你的一念，也就是你的发愿。但是这个发愿又不是简单地说我要成为一个什么样的人，而是你这个愿是不是能够和一个巨大的能量体进行连接。你会发现在成菩萨之前，所有的菩萨全部都是有各种愿望的。

为什么这些菩萨都要发愿？而且不退转，强调不要退出，所以我们可以从另外一个维度来思考愿力和业力的关系。我们每个人是需要开始重新思考自己的定力和自己的愿力的时候了。

4.21

现在的中国，我觉得是意志取代随意、团结取代散漫的时刻。对于个人来说，一个个体不管他多老，他都要重新立下他的志向，永远重新出发，永远立下志向。就像褚时健一样，重新创业；就像本焕长老。本焕长老有一次去深圳，看到偌大的一个深圳，居然没有一个寺庙。他都快九十岁的人了，决定发大慈悲、发大愿要建一个寺庙。于是他开始化缘，通过各方的努力，终于在深圳的植物园找到一块地，修了很大很好的寺庙——弘法寺。

说到此处我想起一个故事。2005 年的一天刘力红老师跟我说，有一个王奶奶，沈阳人，王凤仪的弟子，很难得的，她虽然是一个没有什么文化的老太太，但是经常帮人家处理情感问题，梳理人们内心的郁结，能知道你现在怎样，未来怎样，很多人都跟她聊天唠嗑。我那时重新创业，就决定去跟她聊一聊。我人生唯一一次开那么长的长途车，冒着大雪到沈阳辽河边一个养老院里面见这个九十多岁的王奶奶。那个养老院装修不豪华，但是很干净，包括洗手池、水池、地板，每个地方都很干净，没有任何多余的装饰。我们穿过了万科的一个别墅群和另外一个楼盘的别墅群来到这个养老院。这个老奶奶很有智慧，就跟我讲了很多。她一看我，就讲我大概什么样子，讲到夫妻关系，讲到我以前的状态。我觉得也没有什么神秘的，可能任何一个老年人看多了之后自然而然会知道像我这样的年轻人现在大概处在什么状况，大概会得什么病，大概会和老婆怎么样，大概将来工作会怎么样，她讲的蛮准的。那时候我很年轻，三十二三岁，她也不认识我，不知道我是谁。那时她说，你到三十六岁的时候，你会站在一个房间里面跟整个屋子里的人讲话，所有人都在听你说话。我也没说什么。

后来反倒是旁边一个人给我讲起来这个王奶奶的故事，我印象很深刻。王奶奶是一个孤寡老人，大概在八十八九岁的时候，有一次在沈阳郊区捡垃圾，突然想到自己老了也不知道怎么办，然后就想到还有很多跟她一样的孤寡老人不知道该怎么办，就立志办一个养老院。你能想象吗？一个捡垃圾的老太太想办一个养老院？！她就一个人跑到沈阳市民政局去申办，结果居然不知道什么原因，就让她申办下来了。她到处去找一些人说：我要干这个。刚开始是找一块荒地搭了几个茅草棚，也没有产权；后来有人看他们老人不容易，就有一些人捐了一些砖头，有一些人捐了一些水泥，有些人来当义工，就盖了几间房；再后来有越来越多的老年人来，有些人又给了一些钱，慢慢地这个养老院就建成了规模，成为一个挺有意思的养老院。

后来村里提出这样产权不清楚也很麻烦，让他们干脆把它买下来吧。因为是连房子带地很大的一片，要花个一两百万，王奶奶就说我们这些人都是孤寡老人，我们哪有钱？但是想干这个事，总有一些人愿意帮忙，于是就有人捐了钱，有人借了一些钱，又跟银行贷了一些款，把这一块地买了下来，养老院就合法化了。结果没有想到五六年之后，这块地在辽河边上被四个别墅区包围了，变得非常值钱，而且他们都是很慈祥慈悲的老人，很多义工做事情很认真。很多在那里做义工的年轻朋友就跟我说：有人想花很大一笔钱把它买下来之后，在旁边给他们盖一个很好的养老院。他们就在商量，到底是卖还是不卖呢？我们去的时候就正好在讨论这个问题。王奶奶说："无所谓，你们决定搬咱们就搬，你们决定不搬，我们就在这儿。"

现在来看这一件事情就发生在六七年的时间内，很多人六七年一下子就蹉跎过去了，从这个公司跳槽到那个公司，年薪从十万涨到二十万。而一个八十多岁拾荒的老太太搞成了后来大概价值上亿的一个养老院，是什么在起作用呢？是生命的逼迫，逼迫之后，你要顺应这个逼迫立志，排除万难，不怕牺牲往前走。

4.22

我们今天看到的中国国防工业打下的底子其实是在最困难的时候打下的，我们今天的重工业、核工业甚至铁路这些可以向全世界输出不多的几样东西，都是在最艰苦的时候打下的底子。甚至我们今天巨大的消费力都是在最艰苦的时候出生的那一帮人拉动的。六七十年代出生的那一批人都不知道是怎么被养大的，就是一股坚强的意志。

我妈妈就是这样。她是一个很有意思的人，没有学过汉语拼音，在她还有半年时间就要退休的时候了，单位要上系统，因为她是单位的会计科科长，于是就带着几个年轻人跑到电器城去攒硬件软件，就不停地问，生生地把单位的财务系统搭建起来。因为要输入资料，她也不会拼音。那个时候我高三，有一天晚上，我起来喝水，突然看见我妈坐在那，我说：你干吗呢？她说：我在背五笔字型。她现在还在家里面炒股，炒股的时候，电脑软件、QQ 群、微信群各种账号登录着，央广新闻开着，还几个屏，iPad 炒股，跟我一 PK，发现她的投资回报今年跑赢了我，也跑赢了大市！原因就是她想学习。一个人想折腾想努力，真的是一件让人觉得很有意思的一件事情。

我妈的妈也是一个瑰宝，九十多岁的老太太觉得自己如果依靠六七十岁的儿女不是个办法，儿女也老了嘛。所以老太太把我跟徐文兵老师讲《黄帝内经》的那本书拿来抄一遍，写读书笔记。照着里面讲的，自己在家里面练，用各种的导引、各种敲六字决、敲胆经，她已经有五年没感冒过了。

她们生命的意志太顽强了。

4.23

所以你只要立志做这个事，而且立下了志向，再晚也不会晚。社会马上进入全面老龄化，像我们这代人一定要有充分的意识，我们很有可能在七十岁的时候还要重新再创业。要有一股精气神不能垮，不能散，得捏住。

说到这，我想起了我的舅公，老先生最后也快九十岁才过世。他的心脏不好，搭了几个支架，腰椎间盘突出做了好几次手术了，医生说你得走路，他生生地在八十五岁的时候坚持每天走八千步。我是从二十岁大学刚刚入学的时候就陪他走路，走到三四十岁，都从百度副总裁下来了，看着他每天还坚持走那几千步。最冷的天都走路，穿着几件棉大衣。只要决定了去走，他就去走，他也未必有多享受这个走路，但是他身上就有这股劲儿。还是那句话：下定决心，排除万难，不怕牺牲，争取胜利。

4.24

生命是倒着走的，按正常情况下，道生一，一生二，二生三，三生万物，它是裂变的，自由生长的，散乱的，是无序的。而道是什么呢，“反者，道之动”，就是从三到二，从二到一，从一到无的过程，是回来的过程，所以你就要从后天返先天，道家反复讲这一件事情。儒家讲中流砥柱，讲“明知不可为而为之”，讲“士不可不弘毅”。其实生机就是那样的一个对抗地心引力，对抗熵的耗散，对抗无序的意志，这意志从哪里来？从决定中来，从愿力中来。

今天我们面临的时代就是要重新立回这个志向，顾住这一股生命之气，更担当、更积极地去选择行动，即恒卦：“亨，无咎，利贞。利有攸往。”一直坚持这一件事情，就不会有错。如果用乾道来说，就是或跃在渊到飞龙在天的阶段。就是你要去走这一条路，也许有一天你会群龙无首，有一天你会亢龙有悔，你还会潜龙勿用。

4.25

无为就是在找不到可以做的事情的时候，不乱折腾，你的选择是不做。但是找到要做的事情之后，就无不为。就无所不用其极，怎么做都行。无为是一个阶段，无不为是另外一个阶段，它只是在不同的阶段。但是无为和无不为都是你生命自主意识选择的结果，而不是被动的结果，生命在于主动。

我儿子刚刚去练击剑的时候很矮很小，别人很高大，他就打不过人家，很沮丧。我说：“这样，下次你再去的时候，因为你们有防护服，再刺也刺不死，刺过很多次了之后，你就大吼一声，然后闭着眼睛往前冲，不管他有没有刺到你，你就往前冲。”结果他那一次去跟别人击剑的时候，就闭着眼睛“啊！”冲上去，把别的小孩吓坏了，比他高一个头的小孩都吓坏了。他就知道原来最好的防守就是主动的进攻。

恬淡虚无，真气从之，身体就会好。后来发现有很多具有顽强生命意志的人，他的身体也很好，也活到九十几岁，还干活。我看过一个段子，说美国有一个参议员干到一百岁了，被强迫退休，结果三天之后就不行了，他就说，如果你们还让我干参议员，我就不会这么快死。你去研究一下，很可能这两者都能够导致生命的长寿。就是他做这个事，虽然他很辛苦，很努力，但是他不会为这个事情感到犹豫不决。就是意志力越坚定的人，他越不会被这种“或”左右，就是或左或右地摇摆，要不然我就恬淡虚无，要不然我就百炼成钢，都是我自己的选择，都行。

4.26

有一个故事特别好，同样是在街边睡觉，同样是拿着一个饭碗去沿街乞讨，一个僧人和一个乞丐有何不同？前者是这是我的选择，后者是“这不是我选择的生活”。所以一模一样的外在的情况，都睡在马路边，可能敲开一个门讨到的、吃到的是同样的饭菜，但他们的生命状态是不一样的，前者的生命充满了积极的选择和体验。

我后来观察张至顺老道长，虽然他清净无为，但是你在另外一个层面上看，他有很强烈很坚定的心，他相信他修行的这一套方法。我甚至在悄悄地想，他这个相信本身比他修炼的方法还重要。相信本身比你相信的东西重要，自由的选择比你选择的道路重要。因为那个东西才是生命，而你选择的道路和你所相信的事情只不过是一面镜子。那不是本体，相信是相信者的通行证，怀疑是怀疑者的墓志铭。

4.27

用心去信，而不是用眼睛去信，还是那一句话，你看到的是用眼睛看到的，他眼睛看不到，所以他用心看。我四十岁以后才开始接受自己是大人。当开始接受之后，就有意无意地慢慢找出了一种意志，这种意志就是一种成年人的意志，就是说你知道你会走一条什么样的路，你知道你喜欢什么样的人，你知道这个人大概是什么样子，你知道会跟她怎么样，这个时候你再做一个选择，才会是对的。所以年轻的时候走一些弯路，无论在事业上还是在个人亲密关系的和合上，都可能是必需的。所以“四十不惑”看来是真的有道理的。到四十岁的时候，一个人才真正能知道自己要什么。

我认识一个挺有意思的人，叫宋刚，他创办了一个叫做“和顺堂”的医馆，做得很大，也做得很好，也是我的前辈，我很尊敬他。他每天早上游泳，大年初一也要去游泳，每天都游。我说：

“你那么喜欢游？”他说：“不，我只是认为应该游，游泳对身体好。”事实上游完的确感觉身体好，所以他坚持游。他不是那么爱游泳，但是他能坚持每天游，最后游到习惯了之后，不游就不舒服了，也就游出了一个好身体。我开始听到他这个故事的时候，心里面是有点觉得他这样做也未免太累了吧，结果后来发现人家游得并不累，因为他游了很多年，不游是很累的。所以你决定了就去做，做久了就习惯了，习惯了就顺了，顺了就好了。

4.28

自由意志的选择很重要。有一天晚上发生了一件事：我儿子在写英文单词，他们学前班的英文单词，他妈妈说写完之后就给他讲故事。他妈妈的意思是你写完了之后念出来，你知道你写的是什么，但是没有讲清楚。结果他就写，写的时候他心里面一直想着他那一本故事书。写完了以后，他妈妈问这个是什么词，他说不出来，忘了。因为他照着抄。他妈妈说刚写过啊。他妈就说要背出来才能讲故事书。儿子就说你明明说了，写完了就可以读这一本故事书，你耍赖。两个人就死磕，他妈妈就很生气，说你爱学不学。儿子就很愤怒，结果阿姨、外婆全来了，也不知道该劝还是不该劝。我就把儿子拎到旁边，跟他说：“你学英语不是为了让爸爸妈妈觉得你有多好，你学英语不是为了我们，你首先要知道这一点。以后你最喜欢的女孩用英语跟别的男孩谈问题，你插不上嘴，这有意思吗？”我举了一个具体人的名字，他一下子就对上号了。我说：那个时候难道你只能手掐一个诀，念“南无阿弥陀佛”，显得很高级的样子，或者“嗡嘛呢叭咪吽”，没用的，人家不理睬这一套，人家用英语谈，你怎么办？你解决不了问题，你以为你打坐，背《汤头歌诀》，没用的。他开始在那哭，因为听进去了，后来就说别说了，赶紧。我说干吗啊？他说我给我妈道歉去，道歉完了弄完了之后还要听故事呢。

我久久地不能平静，怎么刚才吵得天翻地覆，一秒钟之后就没事了？！因为我在那一刹那间帮助他找到了他的自由意志，因为那是他要的。那是他的自由意志，他的选择；我要学英语，我要把它念出来，我要学好，否则以后就没有办法跟这个女孩谈恋爱了。这个故事我觉得特别具有指向性，一念成佛，一念成魔，你念头一转，你从一个乞丐变成一个修行者，你也可以在一个特别脏的马桶上让各种苍蝇叮在身上，你也可以在身上涂满蜂蜜，让蜜蜂叮在身上，前者你是一个不堪之人，后者你是一个行为艺术家，你都可以去参加威尼斯双年展了。差别在哪里呢？一念之间，这个念是什么？就是生命的觉知和生命的决定。

就是生命的决定，首先你要尊重他的生命业力，同时要转他的业力到他的愿力上去，先迎合，后引导，这就是太极的力量，所以这两者之间是不矛盾的，是你既要抓住他的业力、习惯，又要在一个恰当的点，以一个合适的机缘转到他的自主和自觉上来。

“生”之五 | **生态**

生态是一个万物并举的过程，是一个自我平衡的机制。节能减排，这是现在保护地球生态讲的东西，对于我们身体来说同样如此。所以，讲健康管理，我认为核心其实还不在于用药，而是要成为自己的王者，你必须要站在更宏观的维度去看。

在一系列散乱的过程当中，要拎起一个生命的主张。这个生命的主张是有意义的，它是一个主张和方向，它可以把散乱的、不相干的周遭的各种元素拎成一个有意义、有故事、具有方向性的生命过程。而这一种从散乱到有序的过程就是生命的过程。所以很多人说我们面对大自然的最好方法就是无为，就是什么都不要做，我认为这是一种片面的理解的无为。这不一定是唯一的方法，有可能我们致力于让地球的环境更好，它也有可能达成一种美好的状态。

5.1

现在地球显然病了。地球的病是什么呢?

本来这个循环(就是季风、洋流和水,包括地球的自转、公转形成的季风洋流的周期性运动)是非常有效地、周而复始地运转,它已经在这个地球上运行了几十亿年了,这是很重要的!当我们能理解这个东西之后,我们就知道什么叫“人法地”。“人法地”的意思就是说,人体整体气血循环的过程和大地气血循环的过程非常相像,它是建立在这样观察的基础上所得出的一个结论。所以中国人把这一个过程比喻成自己的身体,再以自己的身体推回大地,于是就建立起我们的风水管理,我们的堪舆学。

我们现在都讲地球在上火,也就是所谓的温室效应。本来地球有一个自我平衡机制,有些年热有些年冷。本来地底下有很多的能量,这些被称之为先天的,对我们来说那是先天的,老祖宗留下来的。地底下的能量无非两个,一个是煤,一个是石油或者天然气。

煤是什么?煤是经过浩劫之后留下来的植物,这片森林“咔嚓”倒了就变成煤。石油是经过浩劫之后留下来的动物。海洋里的那些生物最后都沉淀下来了。它们经过了亿万年的时间,本来在地壳深处一直保留着的。它们的能量来自哪里?来自那个时候太阳的照射。所有地球上的热量不都是从太阳来的吗？太阳的能量储存在它们的碳分子里面。

其实中国古代的人知道这个东西是可以烧的，石油是可以烧的，煤是可以烧的，但是为什么中国一直没有大力开发这个东西？

5.2

中国古人为什么一直没有开发地下能源，是因为技术原因吗？我觉得不见得。很可能的原因是，很早的时候人们就意识到，这叫先天元气，不能够随便用。你知道，这就是为什么那些日本人在中国买那个煤啊，运到了他们自己的地方，就是囤着。美国人也是这样的。他们也不开采自己的，其实美国石油产量很高的，它不开采的，就叫别人开采。为什么？因为那东西在地底下的时候除了是一种物质以外，它是整个生态系统的一个平衡砝码，你把它拿出来以后，会破坏整个地底下的生态系统。

你们知道石油是怎么弄出来的吗？我以前以为石油就是像牛奶盒里面的牛奶，你插根管子，一吸它就出来了。好像某一个地壳中间有个巨大的空间，里面就有石油，实际上完全不是那样的！有一年，中石油邀请我去看，所谓非常丰厚的油田，其实全部都是石头。它用巨大的水压压进去之后，就像挤毛巾一样，水压进去之后把石油渗出来。非常细，细到把大概以毫米和微米计的空间里的石油挤出来，然后汇集到一个地方再抽出来。所以当你取一块被采过石油的石头，你拿出来看，就像惨白的花岗岩一样，没有被采油的是黑色的花岗岩，就是这样的差别。所以油并不是吸出来那么简单，它其实就像挤毛巾一样，只是那个毛巾就是一块石头。你想这样的挤压过程会带来什么？它会带来整个地底下压力差的变化，这个压差的变化带来生态的破坏，这才是最重要的问题。

本来地球每一天晒着太阳，这个能量被水汽带着走来走去，算是平衡的，也基本上可以支持大部分人的使用。但是由于我们要开车，我们要用电，需要能源的地方很多。以前为什么不需要，因为以前我们没有那么多欲望，技术也没有发展到这个程度。

但是随着技术的进步，我们的欲望不可遏止。能源需求的增加就必须要去把生生世世几十亿年太阳照射在地球上的能量，储存在煤和石油里面的能量调出来去燃烧。本来地球已经形成一个平衡机制，这时候你把地底下的热量提出来烧，烧完之后它没有足够的机制把它排出去，或者重新回归为地底下的物质，于是就形成所谓的温室效应。这就是今天全球气候变暖的主要原因。

这幅图景是不是很熟悉？透支元阳，调动元气。中医不是老讲这个事情吗？

5.3

透支元阳、调动元气是一个什么概念呢？我经常发现有一些人熬了一夜之后，第二天早上你见他的时候，他的脸红扑扑的。其实是因为他本来休息一晚上，第二天才有能力去支撑他一天的使用；但是他没有睡觉，怎么办呢，他就把他肾精里面的那些能量调出来，所以就会看到他是粉红粉红的那种样子。这个在中医里面有一个词叫“浮阳外跃”，而且很多时候那些表现为上火的现象，都是这种表现。甚至你看一个小孩子发烧，你发现那些测小孩子发烧的人，很少用一个体温计去测小孩子的脚底板到底烫不烫，因为大部分发烧的小孩子脚底并不热，热都在脸上，都在头上。

所以中医认为绝大部分我们看见的上火在本质上都是那些本来以非热量的形式储存为“石油”的东西，也就是我们中医讲的肾精里面的能量，被你用某种强行的方式调动出来所出现的一种热象。那你是要把这个热消灭了，还是要把这个热尽量地不调动出来，还是更高级地要把这个热收藏回去，变成“煤和石油”，重新储存回身体？这就是你的策略，也是我们对待地球的态度。

5.4

地球变暖变冷也是周期性的，而我们个人的发烧和地球变暖之间是有关系的。我小的时候一折腾就容易发烧，现在很少发烧了，身体好的偶尔会发烧，身体不好的人很长时间都不会发烧。什么原因呢？元阳不足。当地球已经没有那么多可控制的气的时候，就进入冰河期，它的自我调节开始起作用，温度就骤降。

2015 年就是这样，中国其实是比往年冷很多的。有一些对气候研究比较深的朋友说，这实际上是地球的自我循环周期性的表现。它经过若干年的热能的透支之后，它要找到一种机制，迅速地把更多的热量吸收回地壳里面，所以当地表的热少了之后，我们处在地表上的人就感觉到冷，而且这是有数字可算的。

2015 年是羊年，乙未年的下半年是两个太阳寒水，年初的时候我的一些中医朋友就已经告诉我，2015 年的冬天会是一个特别冷的冬天。读者可以自己百度一下乙未年的五运六气，看看在更早的时候，2015 年年初甚至 2014 年年底的时候，关于 2015 年这一年气候的描述。

就是说地球内部的能源过度透支所出现的温室效应和地球为了平衡这种温室效应，而做出突然又变冷的反应，这两者之间是有某种周期性的。有孩子的人都知道，发烧分两种，一种是发热，一种是忽冷忽热。小孩子刚开始发烧都是发热开始，如果你没有管理好的话就是忽冷忽热，再管理不好就会打摆子，有些时候明明觉得很冷，摸着很烫，这些都会发生。其实人的身体和地球是很像的。

随着能源的过度开采，随着我们能量分布的不均，越来越多的地方集中使用能源，另外一些地方又没有能源可用。伴随着我们的能量不均状态，包括我们的季风洋流地下水还有河道运行的机制被层层切断以后，其实地球的骤热骤冷就是大幅振荡，气候大幅振荡的几率就会出现。很多人都预测全球气候会变暖，作为一名非气象学者，我认为不是。对身体有一些常识的人会知道，真正的情况并不会变暖，而是变得冷热交替，温差变大，而不是风调雨顺。也就是不平和，这才是真正的可能，而不是一味变暖。

人的身体也是这个样子。如果肾精不足的话，他出现的情况就是身体骤冷骤热，而且免疫力下降，有一个病毒或一个细菌很容易就会感冒，而且常常同时被各种体内的邪气所影响。

现在地球的温差加大，有了更多的暴风、更多的瘟疫和更多的地震。在身体上我们称之为寒热往来，虚不受风。当我们越了解“人法地”这一句话的意思的时候，就越感觉到其实一个人、一个地球和一个宇宙之间拥有某种的同步性。这让我想起了四川成都青羊宫门口的一副对联：上联是人法地，地法天，天法道，道法自然；下联是道生一，一生二，二生三，三生万物。这两句都摘自

《道德经》，用得特别好，对得特别工整。

5.5

说回来，我们要治疗自己身体的病，现在看来，最重要的是保肾气。以前不懂，老以为保肾气就是调肾气，就是吃补肾的药。保肾气恰好是让你肾里面的气不要用了，甚至尽可能地往回吸收一点。

很多补肾的药其实只是刺激了肾的功能，大部分是往外刺激的过程，在西医里面有类似的东西就是激素。现在在中国激素被用得比较多，本来五公斤力气可以解决问题，你调动五十公斤力气来解决，当然快了。你看有一些医院，给病人打针吃抗生素，激素一上就好了，那为什么越用越不灵呢，再调动可能下次没有那么多了。他要保命的，身体有一个很好的自我保护机制。

我自己在中国以外的其他地方也看过西医，坦白说对于抗生素和激素的使用，他们是非常谨慎的。对这一点中国越来越多的有良知的医疗从业者也开始进行反思，中央电视台前一段时间还专门做过一个专题，讨论中国的医院对于激素和抗生素的使用问题，这是一个非常好的现象。

节能减排，减少能量消耗，减少碳排放量，这是现在保护地球生态讲的东西，对于我们身体来说，同样如此。所以，讲健康管理，我认为核心其实还不在于用药，而是用“治大国如烹小鲜”的思维方式，对待整个身体就像一个地球的主人看地球，或者国家的最高领导人看国家一样去思考这个问题。否则的话，你不能够真正理解你身体的状况。所以，你要成为自己的王者，就必须

2016 年夏，我在北京大觉寺。肖全拍摄

我与李可老师

2013 年 我与张至顺道长

2015 年我与朱清时教授

星光下打坐的张至顺老道长，油麻菜拍摄

2015 年我与蔡志忠老师

2016 年夏，我在北京大觉寺。肖全拍摄

2016 年夏，我在北京大觉寺。肖全拍摄

要站在这样一个宏观维度去看，然后才能够发展出你的健康管理模式。

5.6

有一个专治癌症的中医老师说，很多癌症其实是内脏受寒导致。表面受寒我们都知道，常常表现为伤风感冒。但你知道有可能我们的内脏也会着凉受寒的。这个内脏受寒之后，里面也是有肌肉和皮肤的，也会有紧缩、出现瘀血，这些瘀血停在那里之后，脏东西就会越积越多。根据我们学的“万有引力”法则，一个脏的东西当它变成两个的时候，继而变成第三个，对单一的一个就有吸引力了，这就是核糖的复角叠加效应。刚开始很慢，越快的时候吸附的能力越强，质量越大，吸引力越大。所以一旦水在这个地方不流动了，那些脏的东西就会停留在那里，就会聚集，之后就会越聚越多。这就是“不通”的一个体现。

我们身体有很多小小的这种“节”，说到底它是什么呢？我曾经看过《医宗金鉴》，这是一本清朝时候中医的教科书。它就讲到我们很多人肚子里都有各种结节，躺下来之后一摁这疼那疼的，到处都疼。它到底是血积在一起？还是痰呢？还是水呢？还是气呢？有意思的是，我曾经试过，有的大夫扎下去“啪”一下子真的没了，说明它不是血，就是气结，或者就是刚刚开始的那种状态，它越聚越多。它从无形变成有形，因为停止了运动所以容易聚成结。

大家有没有发现很少有心脏癌的。其实也有，很少，就是几乎你总会发现肝脏、肾脏容易得癌，为什么？那个地方容易聚，老停嘛。但是心脏的血是停不住的，随时打进来随时喷出去，它的流动性非常强，还没办法停留它就喷走了，就算有癌细胞也不会留在那里。

5.7

顺便讲讲什么叫感冒。我觉得中国人挺伟大的。感冒讲的是两个，一个感，一个冒，感和冒有什么不同吗？我看到一个解释讲得挺好。他说：感就是感应。冬天的时候被冷到了，夏天的时候被热到了，热伤风了，这叫感。冬天的时候被热到了，夏天的时候着凉了，这叫冒。高级吧？它的治法完全不一样。所以治疗感冒，你首先要知道他到底是感还是冒？

有人说是病毒性的，为什么这个病毒以前在别的地方就不得感冒呢？同样的病毒进来了为什么这个人没事，那个人就有事呢？为什么说那些年轻人谈恋爱很高兴的时候，刮风下雨吹冷风也不会发烧，万一失恋"哗"一下淋到了，马上就感冒了呢？常常会发现是这样的吧，那些人被女友甩了，那男的淋雨了就发烧感冒了，为什么呢？这扯远了，涉及情绪对身体的影响。但是总体来说，当你了解感冒其实是有这四种可能性的时候，治病还难吗？！

5.8

很多年前我就发现，自己吃完火锅以后，要是喝啤酒就很容易痛风。我有个朋友吃大闸蟹的时候，喝绿茶痛得满地打滚。为什么吃大闸蟹的时候要喝用姜煮的黄酒呢？

后来，我问过陆广莘教授。陆老说：很简单，学中医的人也要学点西医，知道一点常识。他说：我们身体里面吃进去这么大的蛋白质，蟹、海鲜都是高蛋白，蛋白分子很大，要把它分解出来需要一种特殊的酶，这种酶必须要在一定的温度之下才会分泌，才会合成，才会发挥作用。总而言之，它的温度必须要达到才行。如果我们吃了高蛋白质，你再吃冷的东西，它就特别容易凝住。凝住之后你就需要很多的热量才能化开，如果不是的话，即使常温，它也是寒的。

很多人说喝绿茶很寒。什么叫喝绿茶很寒？我问过徐文兵老师，徐文兵老师是这样讲的：绿茶的茶多酚有个特点，它可以把这个分子重新聚合在一起，阴成形，阳化气，一着凉就会变成固体，所有的东西一冷它就变成固体了，它就会聚。所以说，“阴者，隐也”，它是往里收的；“阳者，扬也”，它往外走的。我说，热胀冷缩嘛，没那么复杂，你们道家搞复杂了，中医搞复杂了，初中物理学知识就可以解释（开个玩笑）。

5.9

有时候，我们一喝绿茶，胃里面的食物还没有充分分解的时候，茶多酚又重新聚起来了，形成一大坨，就会形成化不开的情况，于是相对而言就是寒了。

什么叫毒？任何东西只要聚的时间长了，它都会变成身体不能化开的东西。一旦成形，它就变成了毒。为什么说警察怕球迷闹事？你们在家里再愤怒，每个人都分散了其实不会闹事。但是当十万个人看球有一千个人表达不满的时候，这一千个人在两条街上的时候就很可怕了，就可能聚，所以要驱散。

徐文兵说：所谓的毒，就是聚来不能化的东西，这被视为毒。于是我们就引发了很有趣的讨论，为什么化学药物对我们身体有伤害？一切的天生天养，有机的食物和有机的动物，我们吃到自己身体里面的时候，它已经生生世世跟人类衍化出了特定的关系，所谓一方水土养一方人。你经常在这地方生活，比如说以前华东的人吃的是这个地方的食物，你从小的时候就吃这些东西，所以你的身体很知道怎么分解这些食物。但是你换一个地方，那个地方的食物是你的身体不能接收的或者不能辨识的，所以你就会分解不掉，于是就出现水土不服。这个道理很简单。

5.10

所谓的化学合成药物有一个特点，这个特点就是它刚刚在实验室里面重新合成，这完全不是我们的人体肌体能够认识并且分解的。怎么办？它在发挥药力的同时，那些化学物质不能被身体完全降解。现在我们不能随便扔塑料袋，因为它不能降解。我们常常说的，电池不能随便扔在土地里，因为它不能降解，几千年才能化。其实是一样的，在我们身体里面摄入这些化学物质，它也不能降解。

于是只能通过努力，借由肾脏排出，以尿液的形式或者从肠道排出。但是它毕竟不能够全部都排出，因为它是层层渗入的，就会有一些东西堆在那里，堆在肝里面、肾里面。长期服用西药的人都会看到说明书里面写道，长期服食会有肝衰竭、肾衰竭。

很多人治疗糖尿病、高血压，最后不是死于糖尿病和高血压，而都是死于肝肾衰竭。这叫药源性疾病。我小的时候，还有一种药叫庆大霉素，现在都没了。就是说几乎所有我们试过的药其实本质上来说都是短命的产物，因为它合成的时间很短，它在人身体上使用的时间很短，所以很快发现它的毒副作用很大，于是不用了。

很多人批评说中医没有进步，西医总在进步。进步是好的吗？进步可能恰好说明它不成熟。只有一个小孩才长那么大，长到老了不会随便长了，你想想是吧，只能说明它不成熟，所以它总要改变。

人生到底是未来更好还是过去更好，或者说这个世界是未来更好还是过去更好，这是很重要的世界观的问题。我们现在很难说。

5.11

有的东西在短时间之内，是没有办法跟人家对抗的。但是你有没有想过站在一个更宽广的时空来说，谁胜谁败，这很难说。有一位老师在接受我的采访时说：“站在一个更大的角度来看，如果有一个民族在为人类保留很多过去的知识、态度、文化，包括生态，你很难说它不是对这个地球作出了最重要的贡献。”

就像非洲，如果不是有那么多原始的东西的话，为什么现在美国搞爵士乐、搞摇滚乐什么的人，都要跑到非洲去采风？因为那个地方有原生态的东西。还有很多做药的，要跑到亚马逊丛林去找那些植物、动物做提取，为什么？因为它有千万世纪之后累积下来很宝贵的东西。如果我们都把它开采了，或者我们都以进步的名义把它取代的话，有一天当你需要的时候，你就找不到了。这是中国文化很有意思的一个思想背景。

5.12

中国历史上，有过“孟墨之争”。墨子注重技术，他会搞各种工具。在中国古代，古人能够制造一个东西在天上飞好几天，不掉下来，就是说那时候其实在制造业上已经很精巧了。有一些刀剑，削铁如泥。中国古代在技术上已经发展到很高的程度了。但是后来中国文化选择了让墨子成为了隐流，后来就没有墨家了。

在孟子和墨子的年代，天底下 60% 的人都是墨家，只有 40% 的人是儒家。后来历史选择了让儒家成了中国的主流价值观，而墨家思想被边缘化了，你现在很难说它是好还是坏。从这个角度看，你会发现中国之所以能够走到现在，很大程度上恰好是它选择了一种没有高科技的生活，也就是说科学和技术的进步对于人到底是好还是不好？这个东西很难说。

今天科学成为了显学。科学不仅仅是技术，科学其实是有态度的，科学态度就是说对于未知世界不断地探索以及不断地坚持，到底好还是不好？我现在也不知道，因为这个事情已经超越了我们这一代人所能理解的范畴。

5.13

我小的时候，广州的珠江是可以游泳的，前些年不能游了。

我们每一个人都有类似的经历。很多北京人小的时候，是可以跳进护城河去游泳的，现在都不能游了。一个原因是水土流失，另外一个是污染。

我们身体血液病跟这两者也是有关系的。水土上游的保湿是指什么？木是什么？木主肝，肝是做什么事情的？木固土。那些不要的垃圾就被降解了、分解了，就像植物一样，它其实参与了土壤承担的一样的工作。就是说一个是脾土的问题，另一个是肝的问题。如果你的脾土很好，你的运化能力很强，你就不会有垃圾。

5.14

本质是什么？本和质是不一样的。陆广莘先生说：质是这个物质，本是把这个物质合在一起的方法。比如说，同样是碳原子，以这个方式合成的就是一枝铅笔，但用另外的方式来合成它就是钻石。所以吃东西，吃进去不重要，把这个东西合在一起才重要。

同样是一些人，合的方法好就变成很有战斗力的团队。如果这些人合不到一起，每个人都很强，最后也会变成一个没有战斗力的团队。好的管理并不是要让每个人都成为很牛的人，好的管理是让每个人都能发挥他的作用，并且形成良性互动，这个团队才有执行力。所以好的公司致力于让每个人和其他人之间建立良好的关系，形成合力，按照某种完美的结构呈现出来钻石的样子。这就是本和质的区别。

同样的道理，我们身体所合成的各种东西，我们吃进去的所有食物，都是需要通过酶在特定的温度条件下转化，有一些物质被燃烧变成能量，垃圾排出体外，二氧化碳透过肺的呼吸排出来，有一些重新合成变成我们生长的东西。我们的头发啊，身上的人血人肉，都是经历了这样重新合成的过程的结果。

5.15

中医里讲的“脾”，不光是简单的脾脏，它是指运化的功能，你所有参与到运化功能的部分简称为“脾”。而在另外一个文化体系里面，脾可能就指一个器官。

运化功能主要靠各种蛋白酶。为什么最近酵素变得很流行呢？原因在于它帮助我们参与分解了，因为我们每个人能够生成合成酶的能力很有限，以前吃的东西没有那么多，没有那么多蛋白质，没有那么多的肉随意吃。

现在很多小孩儿为什么从小脾虚呢？就是从小营养过量，在他还没有完全发展出他的分解能力的时候，父母因害怕他吃不好就给了他很多营养，给多营养就是害了他。所以“要想小儿安，三分饥与寒”。

5.16

血液病是从脾和肝入手开始调理的。

调脾就是恢复它更好地运化分解的能力，把吃进去的食物，包括非常好的、很贵的东西进行消化。越贵的东西，其实是蛋白质越高的东西，像鹅肝、燕窝、熊掌等，本质上都是很难消化的。营养很丰富，但是很难消化。所以富贵病就是没有办法消化分解高蛋白，但是它又分解了一半，有一些排出来了，有一些没有排出来，它就堆在那里，随着我们的体液遍布全身，到处走，哪有空隙就堆在哪，就像我们城市里的垃圾一样。

我们很多城市很脏，农村也变得很脏。以前农村的垃圾主要是猪粪、牛粪，它都是可以重新回到土地里面去的。现在我回到乡下拜年吃饭，都是打包盒饭，吃完以后盒就扔在那儿，没办法。农村现在变得很脏的原因，就是很多本来不属于农村的东西现在都在农村了。我们的身体发生了一模一样的情况，所以补脾就是让脾的消化功能加强，这很重要，可以去除导致血液病的一个根源。

5.17

血液病主要是垃圾没有办法分解，在血液里面堆积而形成的。

那么它堆积在关节里边就是痛风，堆积在心脏里面就是心肌梗塞，堆积在脑里面就是脑瘀血，堆积在哪里就是哪里的问题。到处堆积，它只是以各种不同的形式呈现出来。

我们在古代有一个很重要的生活习惯，现在没有了。孔子说他吃东西要吃酱。酱是什么？有一些外地人老说山东人太粗犷，大葱蘸大酱。其实这是很好的东西，葱是开窍的，你吃了葱之后可以让你的毛孔和血管舒张，你的血液循环、全身的气血循环好，那个酱就是米或者面的发酵，它就是酵素。

酸奶是什么？发酵的奶。普洱茶、熟茶、红茶就是发酵的茶，就是一切都可以拿来发酵。吃到肚子里面参与发酵，说白了，就是把我儿子在幼儿园里面堆垃圾的分解过程放到自己的肚子里面。以前有一个很重要的东西叫酵母片，小时候我们吃东西不消化了，吃两粒酵母片就好了。因为太便宜太不赚钱了，市场上已没有了，其实给小孩子吃点酵母片挺好的，现在都没有了，太可惜了。

5.18

我们吃烤鸭，为什么要蘸酱？那个酱叫面酱，因为烤鸭是非常滋腻的东西，蛋白质很高，脂肪含量很高，一般情况下已经分解不开了，所以你必须有酱参与到分解的过程，所以吃烤鸭，一定要蘸那个酱，同时要吃葱，因为它这个消化过程里面需要提高你身体的热量，然后才能够让酶发挥作用更好地分解。所以吃鸭肉的时候一定喝热的东西。但是现在很可怕，我们在餐桌上引入了大量冷的食物。

很多小孩子的疾病都是喝冷饮喝出来的。他的胃和肠道是分解这些食物的地方，应该是有温度的，但是冷饮一下去，它就“嚓”迅速被降温，降温之后就没有办法消化了。

5.19

有一段时间，我请陆广莘先生给我看病。他给我开了两个成药，一个是逍遥丸，他说我有很多的瘀血在肝里面，生气生多了；另外一个就是脾胃运化不好，所以给我开了补中益气丸。吃了这个补中益气丸，很有意思，从第二天开始痰特别多。我说这个药是不是吃错了？怎么吃这个药那么多痰？！如果你不懂的话，你会觉得说，是不是有问题啊？本来没痰的，怎么那么多痰！陆老说：唉，你也没有呼吸脏的空气，在你吃药之前它在哪儿呢？其实它还在身体里面各个地方，只是堵塞了，我用这个方法把它推出来了，所以吐痰本身就是排痰。这个事情引发出很重要的观念，到底什么才是病？痰是不是病？如果你这样理解，你会突然发现痰不是病，痰是身体自救的行为。

5.20

发烧是不是病？着凉之后马上要发烧，或者有细菌感染的时候要发烧，为什么？因为它需要加快血液循环，我们套用一下西医的术语，就是把白血球运送到那个地方去杀灭细菌，与此同时伴随着一个升高体温的过程。发烧其实是对抗细菌加强身体免疫力的一个过程。所以最重要的不是降温，最重要的是让这个热出来。如果你把发热都当做治疗的手段，你就不会千方百计地想怎么样降温。

为什么以前小孩子发烧很少有肺炎，现在为什么很多呢？因为这个热能没有办法传递，这个热出不来它能去哪？它只能往别的地方走，它顺着各个地方，哪儿有空间就往哪儿走。肺是比较容易受影响的，再加上它这个热里面的这些体液还包含许多细菌，它携带着热的包含着有细菌的体液到处流窜，流窜到肺，肺部就会感染。也会到肠，所以那些小孩子开始发烧的时候没有事，最后就会变成肺炎，然后由肺炎到肠炎。这个事情常常发生。

所以最简单的事情是不要让它往里走，让它往外走。所以第一步，屎拉出来，汗排出来，通常这个情况下汗一出，发烧就止。

5.21

为什么高血压、糖尿病和痰湿体质紧密相关？因为一旦这些东西遇到阻力变大的时候，它又要走怎么办？增加压力。高血压被看做是一种病，于是要千方百计地降压，其中一个降压的方法就是扼制心脏的做功过程。在这个过程当中出现一个问题，这个问题就是本来那个地方有瘀血，你压力大一点还可以冲过去，结果你降了，降了之后那个地方又堵住了。所以，陆广莘教授他们做了研究，自从人类发明降压药以后，人类得脑血栓的概率提高了七倍。本来那个地方是可以压过去的，这个原理很简单吧。现在你不让它压，它就堵在那儿了。但是医生说我成功地控制了血压。

我们看身体的疾病要整体地看。为什么心脑血管疾病总是一个体系出问题的呢？它必然会这样。李可老师用“桂枝汤”去治高血压，是因为他根本不认为高血压是病，他认为导致高血压的那个原因才是我真正需要治疗的。

所以看病也好，治疗疾病也好，都是在不同的层面上解决问题。你从心脏解决问题，你从堵塞解决问题，一直到源头解决问题是一层一层的。解决城市道路堵塞也是一样。

5.22

我采访“国医大师”张灿玾老先生的时候，我看他用药很轻灵，剂量很小。我就问他为什么？这样会不会效果很慢？老先生说：点到即止，要节用啊！我们每一次药用下去，是药三分毒，每一种药其实都是因为它的偏性，它在刺激我们某一块儿的分泌，于是产生解决问题的方法。只要它能够启动能够解决问题，它就会自然朝着良性发展。你让这个良性的涡轮去解决问题。不要“咔嚓”一下子全用下去，万一形成依赖性怎么办？就浪费了嘛。所以他们都是非常珍惜的，用药都是一克、二克、五克，当然会慢。

很多人都认为国医大师开一个方子也解决不了什么问题，其实是老人家的慈悲心在那里。有些时候看什么情况，已经快死了，你就要用霹雳手段了。平常的时候应该是推两步，停一步，再推两步，停一步，慢慢来，轻轻来，让这个事情自然而然地发生，顺着这个势慢慢地解决，一点一点地抽丝剥茧，充分调动我们身体自我调节的本能。

5.23

我曾经有个比喻，屁是什么？屁就是食物的冤魂。

不管是肉也好，植物也好，物质在发酵分解的过程中有些东西就变成气，有一些气就顺着呼吸排出去了，有一些就没有地方去。然后就这个地方一点，那个地方一点，最后就涓涓溪流汇成一个屁。它变大了，但你又不把它排出去，又出不来，又不打嗝，它上不来，怎么办呢？它就会重新溶回到水里去了，就像我们把二氧化碳泵到水里面变成碳酸饮料一样的。原理都是这样的嘛。其实很多事情你是可以想明白的，好像很玄，其实也没有那么玄。所以浊气一定要排出来。

那些站过桩的人，站一会儿就会有很多浊气排出来，一定会的。甚至你捏肚子，捏着捏着就开始有了，为什么？因为把浊气挤出来了嘛，说白了就是这样。我们常常说为之气结，它结在哪个地方，它停了之后就会吸收，就会把那个东西存在哪个地方。一个房间常年不开门开窗，会怎么样？一个房间像地下室常年空气不流通，肯定会发霉，肯定会有各种问题，会乌烟瘴气。说白了，我们身体发生的是一模一样的事情。因为导致循环的机理是一样的，所以就会产生一样的结果。这个机理叫什么？叫做“道”。“人法地，地法天，天法道，道法自然。”它说的是这个事情。我们身体不可能超越整个宇宙大循环的体系而单独存在。

5.24

我常常想，如果我们站在更高的维度来看的话，有可能突然会发现这个地球上所有的石油、所有的煤、所有的燃烧带来热量这个模式会一夜之间被颠覆，那个时候地球就进入一个新的能源体系时期。为什么最近这个石油一直在往下降，一桶石油甚至便宜到了比一桶农夫山泉还要便宜的地步，更不要说跟依云矿泉水比了。

所以有一种世界观认为我们的身体是由物质构成的，我们的能量也是跟物质有关的，所以我们就要去吃很多的这个维生素、那种营养素、某种蛋白质来补充我们身体所需要的营养，好像我们都是这么长大的，好像也有道理。但是我的确认识一些人，他真的不怎么吃东西，他的精力还是比我们旺盛。我发现他们之所以精力比我旺盛，是因为他睡得比我多，他经常坐着就睡着了。有一种人他能够随时随地睡着。我见过老道长跟我们开会，大家谈论东西的时候，他突然一下子就入定了，然后一分钟，轮到他讲话的时候，他又出来了，但是这一分钟他其实进入了深度睡眠。一分钟就睡着了，一分钟出来了。所以他已经不像我们需要睡八个小时，他每一秒钟都随时在充电。中国最近出了一款电动车，两千公里续航，它随时随地就把汽油燃烧出来的动能又储存成电，然后有可能还把一些外部的热能又储存为电，所以它能够两千公里续航。

我们都有这种经验，有一些充电器充苹果手机，插半天都充不满，但有的充电器插一会儿，就全充满了。我相信所谓的修炼或者道家和佛家里面有一种方法，就是找到了一种方式，让我们以最快的速度、最短的时间进入那个能量快速充电模式。所以他就不需要睡很多觉，他也不需要吃很多东西，他吃进去的每一样东西都被消化掉了，都不是垃圾。我们的身体吃进去很多的食物，其实只是用来给那些管理身体的系统使用，而不是身体本身需要。所以过一段时间政府就需要精兵简政，就是这个道理，它需要减少能量的损耗。

5.25

有可能在我们的身体里面除了身体的能量使用之外，还有一种管理这个身体的一套系统。这一套系统本来和身体所需要的能量系统之间是有一个合理的比例关系的，但是后来这个管理系统变得很大，而我们吃进去的食物，大部分只是喂饱了那一套东西，由此产生了巨大的垃圾，还需要我们生命的本能去消耗它。管理职能变得很庞大。很多公司最后垮掉，也是因为公司的管理部门太多导致的。

还有一种人，他也不怎么吃，也不怎么睡，精力还永远保持旺盛。比如蔡志忠老师就是这样一个典型例子。他每天早上两三点钟起床，不管晚上几点钟睡，有时候喝酒到十二点半，他也是两点钟起床。每一次见到他都是神采奕奕，再冷的天都是一件衬衣，我从来没有看到他穿得厚。他永远画那么多画，保持那么旺盛的精力，我就问他为什么，他说是因为我们大量的能量消耗在应不应该干这一件事的疑惑当中。所以孔子说四十不惑，就是你不要再去怀疑自己应不应该干。所以“知止而后能定”，当你知道了你的方向之后，你自然就定了，“定而后能静，静而后能安，安而后能虑，虑而后能得。”

我现在知道原来儒家里面也是有修行法门的。我感觉《大学》是一个非常王道的修行法门，而且讲的全是心法，全都是确定了一个坚定的人生目标，然后心无杂念，专注于把这一件事情做好。我为什么说这个事情跟身体的健康很有关系，是因为当你不再去想应不应该去做的时候，其实你 90% 的能量是不需要浪费的。我曾经写过一篇小东西，就是说如果你现在想一想，你八十岁的时候你想怎么活，然后倒推到现在，你会发现现在绝大部分做的事情都是没有意义的。

5.26

生态是一个万物并举的过程，那是一个自我平衡的机制，但是在一个机制自我平衡的过程当中，需不需要有一个发展的主线？这其实是许多人一直在讨论的一个问题。有一种观点认为，我们就应该让他们自生自灭、自我平衡、自我约束、自我涌现；另外一种观点认为这恰好是一种熵的状态，它是自我懈怠的，而生命是反着的，是一个负熵的过程。

生命是什么？我们身体都来自于尘土，是什么东西把我们从泥土里来的各种物质，包括各种蛋白质、各种氨基酸、各种矿物质，组合成了一个有方向、有规则、有节律的生命运动轨迹。我以前相信的是我们不对生命进行干预，但是最近这一段时间，我的生命观开始改变了。

我认为就是要在这一系列的散乱的过程当中，要拎起一个生命的主张。这个生命的主张是有意义的，虽然它不是一个实体，它只是一个主张和方向，但就是因为有了这个主张和方向，所以它可以把散乱的、不相干的、周遭的各种元素拎成一个有意义、有故事、具有方向性的生命过程。而这一种从散乱到有序的过程就是生命的过程，从有序到散乱的过程就是死亡的过程。所以很多人都说我们面对大自然的最好的方法就是无为，就是什么都不要做，但我认为这是一种片面的理解的无为。这不一定是唯一的方法，有可能我们致力于让地球的环境更好，它也有可能达成一种美好的状态。

5.27

我给大家举一个例子，当今地球上环境比较好的地方是德国、瑞士、英国，这些都是工业文明高度发达的地方。其实在中国，你慢慢地也可以看到这样的情况。人们经过了一个原始的美丽的田园生活，又经过了“脏、乱、差”，被工业文明糟蹋洗礼，但是在某一些地方环保的观念开始重新树立起来，重新治理，反而达到了一个更干净、更环保、更自然的状况。这是一个与以往那种原始的自然不一样的，但也是非常美好的状态。我们是回不了原始状态的，所以对于当今的人们来说，我们对于生态的态度不应该是那种小国寡民的无为，而是积极有序的建设。透过对自然规律的真正把握之后，重建一个更好的自然。

也许我的观点会受到很多人的抨击，认为我过于狂妄，但是你想想看，如果我们没有立下这个决心，这个世界会好吗？这个世界已然被过度工业化和过度的污染所破坏，在明知不可为还要为之，明知已经乱了之后再来重建，这一种精神其实是一种别样的真诚。

就像我在前面讲过的三重境界，从欲望到出离，到追求自然，到离群寡居，又到重新入世，以一种无论结果怎么样但是仍然很真诚去努力的心态去做出努力，这其实是一个人的人生不断夯实脚步、筑梦踏实的过程。所以我觉得可能对于当今的中国来说，反倒是需要提出一种超越无为的生命观，这和我以前讲的不太一样，但是我现在的确开始这样看这个问题了。

“生”之六 | **生意**

中医的思维是“象思维”，就是根据一些现象来发现它背后的关联性。经济领域中资金的走向，和人体的气血一样。一炁周流，你的气血往哪儿流？

艰苦奋斗、立定决心的拼搏精神就是生命力，就是一群人共同相信并且只为这一件事情奋斗。有了这个生命力你再去看生意，你会发现每一家做得好的公司都是那一股精气神，是那一个人的精气神在撑着。大到一个国家，小到一个企业，都是这样。

6.1

我们来看一下中国的房地产业。中国房地产业是一个非常典型的癌细胞产业，本来生产衬衣的企业去搞了房地产，经营牛奶的搞房地产，搞军工的搞房地产，搞石油的也搞房地产，为什么？因为它有很强的资金吸附能力。它利润高，资金吸附性很强，一个楼盘轻轻松松几个亿。轻轻松松地把几个亿的资金吸收进来了，但你有没有想过为什么会这样？

央行释放了那么多的货币，为什么要释放货币？政府需要用钱要干很多事情，但是收税已经收不上来了。大家的税其实已经很高了，各种隐性的显性的税，各种费用加上税。还有我们很多的税是以什么样的形式被收上来的？是以中石化、中石油、中移动的方式收上来的，是国家专用，所以它就有定价权，所以它就用这样的方法变相地把税收上来，这个事情就跟古代盐铁是一样的。造盐造铁被政府独断，它其实是另外一种安全的税收方法。本来无可厚非，任何政府都这样，不光是本国政府，任何政府都这样，历朝历代也是如此。

但是这个事情它有瘾，你知道吗？发行货币是有瘾的，太简单了，你不需要通过人大调整法规加税；你不需要再增加新的东西，我一发钱我就能用了；我就该干吗就干吗了，搞工程啊搞什么的，所以一下子就花了很多钱。所以美国也在发货币，中国也在发。为什么中国也要发呢？一方面，我们政府需要花钱；另外一方面也是没办法，因为美国在放水，如果我们不发钱的话，我们这个地方钱浓度高，他们那里浓度低，理论上来讲就会渗过来，这是自然而然的现象。这就是输入型通胀，于是外资很多的钱就涌入中国，因为它一发钱，它的钱不值钱，意味着利率变低。利率变低它的钱就不值钱，稀薄了，这是很简单的经济学原理。

6.2

美国央行发了钱怎么办？那些大的银行就从央行把钱借出来，层层借，借完之后就以各种形式包括地下钱庄的形式、外商投资的形式进入中国。来到中国以后呢？你在美国利率是零，实际利率是负零，因为它通货膨胀。你在中国存在那儿是4%，最简单的，它非常安全。我在那儿借一百个亿到你这儿存一年就有四个亿的纯利，很安全。所以大量的钱涌进来，所以你不把你的钱同样印的话呢，就相当于中国人免费地在给国外打工。这个事情就很复杂了。

所以，中国政府在这样的背景下自己又需要用钱，外部环境又比较恶劣，也需要输入型通胀。于是大量地增发货币。增发货币这件事情很有意思，不是说央行向市场释放一万块钱市场就有一万块钱。比如我做企业的，我在银行里面贷了一万块钱，我不会说今天就把这一万块钱花掉，我大概花掉一千块钱或者两千块钱，八千块钱重新存回银行，这个银行就有了八千块钱，这八千块钱又拿出去放贷款，所以这叫杠杆。

6.3

基本上来说央行向市场注入一万块钱，市场上会有四万块钱可以用。因为反复存贷嘛。所以说为什么央行要提高准备金率呢？从 10% 提高到 15% 的准备金率，就是说你以前手上有一百块钱你可以贷出九十块钱，你要将十元钱存在央行叫准备金，你是不能用的。现在必须要十五块钱，表面看只提高了五块钱，其实它的流动性收缩了多少呢？流动性缩减了 20% 到 30%。所以是很高的。央行提高五个点的准备金率，其实对整个流动性的收缩是很大的。

在这样的情况之下，过去若干年我们看到的是一个货币天量释放过程，这个过程还伴随着其他的事情，就是每一个公司都在搞自己的会员积分计划，互联网公司有年卡、有 Q 币，中石油有积分卡，你吃饭还有打折券，这些东西本质上都是货币，都是各种在局部可以使用的货币，积分也是一样的。你换了一个积分就可以换一个里程，本来你要花钱买的一张机票现在不用了。实际上所有的企业也在向市场注入货币，所以我们听到的是四万亿的注入量，你都不知道真正在市场上流动的可能是数倍四万亿这样一个货币量。

如果这些钱涌向粮食市场、涌向蔬菜市场，我们可能会吃到一万块钱一公斤的猪肉。本来如果完全按照市场这样也好，大家就别吃那么多肉也没问题，但是又觉得不行，老百姓还是要吃肉，所以猪肉一涨价就要控制。类似的牛奶一涨价就要控制，什么都要控制。那这些钱去哪儿？必须要有一个坑把这些钱装进去，吸收它，于是找到一个很好的东西——房地产业。所以房地产业锁住了中国巨量的货币，现在如果真的把房地产业打垮，让那些本来存在这里的钱突然一下释放到市场的话，整个市场是会崩盘的。

6.4

现在很多人都说我们在治疗我们房地产业的时候，如果真的下猛药下得狠狠的话，就跟对癌细胞突然一下子强烈化疗去做手术一样，在没有把它拔干净之前，它全部都到处流窜。那就会进入全身的身体系统。

所以我们看今天的中国政府，在真正治疗房地产危机时是分层次的，大城市怎么做，小城市怎么做，哪些地方给的政策怎么做，具体细节怎么做，它是非常小心的一个过程。但是你不得不承认房地产业很像一个癌细胞，它吸收了中国大量的资金，以至于它出现一个很大的弊端，这个弊端就是年轻人不再去创业了，都在供楼。因为你输不起啊，输了之后房子就被拿走了。年纪轻轻的就供一套楼。中国香港就是这个样子，所以香港是全世界最没有创新的地区，它的互联网几乎没有发展，双赢格局一点都没有发展，因为所有的人都在为楼房打工，弹丸之地 50 平米号称豪宅，叫五百尺豪宅。我觉得太可笑了。香港人能够把 88 平米隔成三个房间两个厅两个厕所，还有一个工人房。这只有香港人才干得出来。我住在香港的时候，内心觉得真的是太不容易了。但是这个方法在弹丸之地你可以这样做，而且香港政府它的钱用得还可以啊。因为政府有一个监督机制。

但是如果缺乏相关机制，这个钱吸收上来没有管理，它就会变成各种公款消费，突击花钱，这就是过去中国为什么有那么多的楼堂馆所的原因。它必须要吸收这些出来的钱。

6.5

假如过段时间，政府说要提高就业率，那你肯定就不能随便加税了，你都加税企业家就不干了。要不我把钱拿走，要不供楼买房子，要不搞个楼堂馆所，要不就买个理财产品。央企已经做到这个程度了，再做就几乎把所有的最重要的行业几乎都垄断了，民营企业就没有办法做了，然后外部还在印钱，还在输入，虽然美国说减少了，但减少并不是说它不印，它只是减慢一点而已。

地方政府卖地又没有钱了，现在不让卖地了，或者控制卖地，而且关键是也无地可卖了，你问一下上海市政府还有多少地可卖？没有地卖了。稍微好一点的城市都没有地可卖了。那怎么办？只有一个可能性，这个可能性就是再建，但是房地产又进不去，能去哪儿？股市，它只能去股市。

6.6

我们一定要知道，现在由于有了互联网的参与之后，货币的流动性增加了。就是说以前十块钱在市场上可以当五块钱用，将来十块钱可能当八块钱用了。因为各种货币的利用率提高了，流动性增强了。在这个过程当中，这些多出来的钱如果进不了房地产市场，就只能去股市。

房子涨价的时候大家骂，股票涨大家是不会骂的。你买不起房子你会骂的，但是你没钱，你有一万块钱也可以炒炒股，一万块钱也可以分享一下，你也可以赚一千。民间的钱没有地方去，只是这个股票太烂，所以都炒概念。

真正好的方法不是在政策上，而是让好公司上市，中国真正最好的公司在哪里？全在纳斯达克。

6.7

过去这么多年，真正透过市场的机制，有市场竞争力，有好的团队，商业模式正确的企业都是在纳斯达克上市的，要不就是在香港上市的公司。因为在香港跟纳斯达克，能活下来的公司都是经过市场洗礼的，那个404法案非常严，萨班斯法案很严格的。我以前在百度管过一段时间的PR，就是说一个上市公司你是不是符合投资者风险的法案。你披露的信息，你的财务数据是不是符合最严格的会计要求准则。其实有很多监察，它的股票市场不监察你，但是每一个媒体每一个律师都在监督你，只要你一犯错，就会有人发报道，律师就会告你，然后就要开始理赔。所以能在纳斯达克上市的中国好公司，真的是潜能很牛的，它绝对是盈利能力非常好的公司，它能一直往下走。

所以只要有一天你看见中国这些最牛的公司——盛大、腾讯、百度、新浪、阿里巴巴等这种公司回到中国上市，就意味着中国股市开始进入一次历史性的大牛市，当然前提是，中国没有发生战争，没有出现内乱，没有出现结构性的变化，没有和日本打仗，在这种情况下，这个事情就会发生。

6.8

经济领域中资金的走向，和人体的气血一样。一炁周流，你的气血往哪儿流？

我们要知道，癌细胞可不是在那儿坐以待毙的，它还是会吸收来自身体的各种养分。所以，你会发现中央政府花那么大的力气去控制房价，事实上过去一年的房价实际还在往上涨，上海和北京这些重要城市还在往上涨。因为它的资金吸附能力太强了。而且有一些房地产开发商也不会干别的，他的核心能力就是拿地，他连房子都不会盖，他突然间没有事干了，如果没地了，他只能去投资夜总会。

所以下一个阶段还有什么领域是可以吸收大量资本的？我们研究身体就知道了，总要有一个地方吸收这些热能对不对？除了股市以外，另外一块儿就是巨大的农村市场。因为城市已经饱和了嘛。新农村包括各种的养生基地，各种的生态种植园，各种农业机构，这就是为什么你看到柳传志要进军农业的原因。最近广告不是褚橙柳桃潘苹果嘛，大家看到了吧？

6.9

我们学中医是次要的，因为很专业，要花很长时间。但是学中医的思维是可以的。中医的思维是“象思维”，就是说根据一些现象来发现它背后的关联性。

在中国，像柳传志这样的聪明人，我估计不多吧，这么多年都踩到点上了。他对于中国的国情，对于中国的资金流向非常清楚，你会发现为什么联想现在进军农业，一定是他看到了这个“必须”。而且国家政策肯定也是朝着这个方向走的。政府提出要加强农村的现代化过程，我们称之为新农村的过程，就是把多余的资金释放到广大的农村去。这个跟当年毛主席说的广大青年上山下乡，到边远的地方去，是一模一样的。

当时这些人在城里没有饭吃，国家计划经济调控，没有那么多口粮给这些人吃了，那么，都把你们赶到农村去，自己干活，拣点麦穗自己吃，自己养活自己，同时改良一下农村的人口结构。各种“小芳”就出来了嘛。你把他们渗透下去，然后再回城嘛，就出现了大量的孙子那一辈跟着爷爷奶奶在大城市生活，爸爸妈妈在农村回不来，然后经过了很多年的奋斗，回上海，回北京，回天津……这种故事太多了，几乎每个家庭周围都看得见这样的故事。现在，类似的情景又来了。

6.10

太阳底下没有新鲜事物。不可能有创新，创新是忽悠你的，没有什么是新的，都是旧的，都是新瓶装旧酒。“象思维”就是说——我们可以看到这个东西其实它在吞噬这个空间。

那么好了，我们可以借由怎么治癌症，去看怎么样去治疗房地产的问题。道理很简单。你“啪嚓”一下子把房地产整个产业链打断，会怎么样？这个国家肯定会崩盘的。所以你只能说逐步地控制，然后让大家尊重这个事实，然后分化。有一些房子给有钱人，你们花每平一百万买吧，然后像新加坡一样，大量的廉租房让人民群众去住，然后再把多余的钱分一点到股市、分一点到农村，然后央行再回收一部分，再搞一些创新科技，然后再孵化一下，在海外收购一些……在非洲再买一些土地，在澳大利亚买些土地，如果人家觉得你这个政府资金不行的话呢，你们再找几个黑人朋友，找一些公司，然后国家通过几个弯转给他们，让他们去买。

6.11

为什么这么多民营企业敢在外面买，你以为吉利为什么能把沃尔沃买下来？吉利才 18 个亿，想起来就是很可笑的一件事情，它为什么敢买？肯定不是它的钱，只有一个原因嘛，拿个脚指头想都想得出来，它哪有钱嘛？！无非就是银行贷款。

所以呢，就是说一切东西你都可以通过那个方式分化，慢慢和解，然后一点点控制，最后大家觉得说加高它的成本，你持有房子的成本，而且不能一步加高，推出一个房地产税，推出一个实名制最少十年时间。让这些慢慢做。所以当有这样问题的时候，只有一个方法就是慢、等、和解，慢慢来，分化，调整。然后让这些能量去到别的地方，去它应该去的地方，那些地方没有能量，提高它吸收能量的成本，减少它瞬间恶化的可能，借由时间抹平一切。

很多老先生在治疗这种病的时候，他的态度就是这样。其实治病背后是境界的问题。就是你境界到了，你看问题能看到什么程度上，你自然而然就能够怎么治疗。所以“治大国如烹小鲜”，我觉得这个道理很深刻的。就是动作别太大，要慢慢来，慢慢来反而比较快。

6.12

我常常跟别人分享这句话，“慢慢来比较快”，意思是说你因为慢，所以最终你和谐社会的效果好。买股票买什么样的股票？要买那种每一天涨百分之零点几的股票。十天里面九天在涨，一天在跌，又在涨。这种股票你哪怕早一天晚一天买，差别不大，但是它很好。我发现香港汇丰银行是这样的股票，腾讯也是这样的股票。你看腾讯的月线，每个月都在涨，它上市那么多年，将近十年了几乎每个月还都在涨，很少大跌，也没有暴涨，这种公司就叫做王者。它不是行霸道，而是行王道。行王道走得远、走得久。

所以治病也有王道和霸道之说，最牛的大夫就走王道，所以慢，但是hold住你。就是说有一些人治病慢，我就对他没有信心了，没信心其实也不行。那有一些老师他就说，我告诉你很慢，但是我是有原因的，你要有信心呢就跟我一起慢慢走。这个东西就完全靠信心了，但是是有方向的。

我们大部分人这一辈子都不会成为大夫，我们只能做一件事情，知道什么样的大夫是好大夫，在这个阶段我需要什么。

一个好的病人和一个不好的病人是有差别的。一个好的病人知道如何选择一个好的大夫，如何与大夫共同地去解决问题，如何等待，如何自己去感应自己的生理和心理的调整方式，从而变成不那么病的人。

天底下的教育分为两种：一种是教你怎么做的，解决问题的；

另为一种是让你做个好的病人。我觉得我只能做后面这一个。说得好听点，叫做学会了自我教育。

6.13

很多人都说美国自由，什么都能做，什么价值观都存在，我以前也以为是这样。如果你把美国的大片拿来研究一下，你会发现一个特别有意思的现象，几乎所有美国大片的价值观高度统一。你会清楚地发现，美国是有清晰的国家意志的。

很多公司都说它们要构建一个生态型的公司，业务彼此制衡，内部互相采购，甚至互相竞争都可以。平台型、生态型公司这几年变成很热门的词，但是你会发现一个很有趣的现象，一个从阿里巴巴出来的人和一个从腾讯出来的人就是不一样。这两家都是超级生态型公司，但就是不一样。一个湖南卫视走出来的人和一个凤凰卫视走出来的人，他就是不一样。所以我突然发现，任何一家公司，它但凡能成为一个生命体，都是因为这个公司有非常清晰、强烈而且明确的主张和文化。越是拥有强烈清晰的主张的公司，它越有战斗力，越有生命力。我们说国家是这样，公司和组织是这样，那对于人呢？如果一个人有清晰的价值观，有明确的自己的边界和方向，他也会这样。

好像过去的一二十年里面有一种自由主义思潮，打着自由主义实际上是散漫主义的思想在腐蚀着这个民族和这个国家，我们每一个年轻人的精神意志力都不积极，以至于我们都觉得无为是高级的，待着就可以，好像也就这么晃着混着过来了，运气好再加一点小聪明，反正该买房子的时候买房，该买股票的时候买股票，该创业的时候创业，该去融资的融资，反正国家一直在印钱，反正就是在大锅里混，就以为自己获得的一切是自己努力的结果。其实不是，其实是前人努力的结果，我们只不过是跟上了一个巨大的产能被释放的过程，曾经有一些人艰苦努力地去建立国家的重工业，在农业、工业方面做了大量的基础建设，然后生了大量的人口，为我们的国家变成一个大国奠定了基础。

因此，在过去的二三十年里面我们国家有了一个巨大的人口红利和产能红利的释放，我们很多人就在这个过程当中晃晃悠悠随大溜，就成为了一个既得利益者，我们就既有房子，也有车，很多人都以为是自己的聪明才智使然，是自己努力辛苦使然，其实每个人没有多大差别。原因并不是我们有多努力和多聪明，只不过是因为我们跟着这个时代在走。

但那种艰苦奋斗、立下志向、改天换日的这种决心和意志力，其实是没有被强化的，今天特别需要这种东西，不是为年轻人，而是对于我们这一辈人来讲，因为出来混总是要还的。年轻的时候舒服了，到你五六十岁的时候，你可能还得艰苦奋斗，重新走人家本来二十岁的时候应该艰苦奋斗的日子。

6.14

我从大学毕业出来的时候，中央电视台从一个电视台变成了十个电视台。随便干什么，每个行业都在百废待兴，每个行业都在爆炸式地增长，包括房地产行业、传媒行业、互联网行业、广告行业，1997 年、1998 年到 2001、2002 年都在大发展。那时候我刚刚有一点积蓄，2003 年，在中国房价马上就要暴涨之前凑足了第一批自己的首期房贷一二十万元钱，买了第一套自己的房子，从此运气就好。

我认为生命力就是那样一种艰苦奋斗、立定决心的拼搏精神，就是在明知不可为而为之的过程当中，不相信有救世主，只相信自己的努力才能够改变自己的命运，一群人共同发愿来改变我们的共同命运。

我有一段时间在百度做企业文化管理，后来发现所谓的文化管理其实就是一句话，就是一个决心，就是一群人共同只相信一件事并且只为这一件事情奋斗，不成功则成仁，这就是文化，这就是生命力。

有了这个生命力你再去看生意，你会发现没有了杨致远的雅虎，再好的制度他也不再是雅虎；没有了比尔·盖茨的微软，虽然市值也还可以，但是他已经不是一个有意志的微软了。每一家公司都有那一股精气神，是那一个人的精气神在撑着。大到一个国家，小到一个企业，都是这样。

我们很多人说企业要有定位，其实定位是你在别人心中的样子，并不见得是你在自己心中的样子，如果一个企业没有定见的话，他讲定位是没有意义的。

6.15

其实是在毛主席用当时很高的成本打完朝鲜战争、打完越南、打完苏联、打完印度之后，才维系了这个国家三十年在国际上的地位，不受人欺负的地位。这个是打出来的，不是让出来的。所以在差不多二三十年的时间里，我们是活在一个相对和平的时间里面的。这让我们可以发展经济，但是现在看来缺少了韬光养晦的过程。但现在你想韬光养晦已经没有办法，你已经是世界第二大经济体了，你的消费力、你的产能也需要释放，就是势已形成。所以最重要的事情是我们站在前瞻性的角度看，对生命、对生态、对国家的未来进行主动的管理，建立清晰的愿景、价值观和行为准则，并且要在一个相对清楚的领导者的领导下往前走。

所有的行为要整合起来，朝着一个方向走。这个时代重新回到了由无序需要建序的时代，从自由散漫到励精图治团结一心的时代，从所谓的自由主义向意志精神主导转变的时代。而这个才是我认为的生命力的象征，生命就是把无序变为有序的那股力量。如果生命力一弱，我们就瞬间化为泥土了。

“生”之七 | **生生不息**

我们看见，到春天的时候，花开了，树叶绿出来了。我们可以借由看得见的树枝的绿，来看见后面的那个生机的出现。是什么推动了一棵本来到冬天的时候完全枯了的树又长出了新的绿色的芽呢？它是什么？

中国有一句很有意思的话，叫做“天地之大德，曰生”。中医解决问题的思路在于，如何让你的这股气机能够转起来。这个气机叫什么？中国人叫“生”。这个生机会体现在一切领域里面。

生机是让你的自由意志和你的生命本能变成一件事情。你必须决定你要成为怎样的人，一旦决定之后，这个世界就变了。这就是生命，处处见生机就是说你是不是随时随地让你这一股生命力回来，回到你的中道上。那个中道就是你经过生命的磨合、判断之后找到的这一条道路。

7.1

中国文化有一个特点，它总是用象形文字去对抽象概念进行贴标签。但是我们每个人一看到象形文字的时候就转换为图像，或者具象的意思。就像说我们去听音乐会的时候，一听到《田园交响曲》，你马上就想到这个是鸟叫，这个是风，那个是什么。你很刻意地想把每一个音符每一个旋律转化为某一个具象图景，但是这其实本身是错的。因为许许多多的东西不是一一的具象对应的，它不是这样的。我们只能说它是一个指代，它是一个开放的文化系统。借用“代数学”的说法，或许我们可以称中国的文化系统是一门“代象学”。

7.2

譬如印度人，他们发现这个是无限大，那个是无限小，或者负无限大。那么在无限大和无限小之间理论上总有一个点，它既不属于无限大，又不属于无限小。既属于无限大又属于无限小，它属于正的又属于负的，又不属于正的又不属于负的，他们发现有一个点。于是他们创造一个概念叫什么？叫零。零是创造出来的一个逻辑概念。在创造说这个是零之前，它是不存在的。

但是中国人我们会讲什么呢？我们说这个叫“阳”，那个叫“阴”。中国古代没有零的，或者说没有在这个文化层面上的零。我们用了一个字叫“中”，中实际上就是这样一个东西。就是说“致中和”，就是说它既属于又不属于。它是最小公倍数，又是最大公约数。它不属于它又属于它，它是临界状态。它其实可能存在，可能不存在，但是它有，叫若有若无，这又叫有若无。但是你没有这个东西就没有办法创造。

7.3

有一个很有趣的观念，那就是东西方文化在语言文字学上，存在一个很重要的分裂。

我们的象形文字和西方的字母拼音文字最大的区别，就是象形文字造就了我们看见文字的时候就会思考到画面。它不太介意这个字母和那个字母之间的逻辑关系。比如说“This is a dog”和“That is a cat”。“这是一只狗”“那是一只猫”，而且 dog 和 cat 之前还有 a，它必须要有这个东西，或者是介词，用一些这样的东西来界定这些词语的逻辑关系。

但是中国汉字不符合这种逻辑关系。中国汉字很早的时候就像电影蒙太奇一样，一个一个的汉字码在那儿，就形成了一幅画面，这些画面连在一起就像一部电影一样。“枯藤老树昏鸦，小桥流水人家”，它其实只是把这些画面放在那儿，但是你一看，“哇，好凄惨。”对吧？它什么都没说呢！它没有一个惨字，也没有“This is、That is”这些词。

7.4

我们每天在用中国汉字的过程当中，其实已经忽略了这一种文字给整个民族带来的在思维上的一个特点，这个特点就是把一切具象化，这个事儿不具象就很奇怪。我们可以把一切都变成一个画面来思考。

我初中二年级的时候，有一天我们重新分班。老师说你来做学习委员吧。那个时候我喜欢在老师面前表现一下，所以老师对我印象很好，我就做了学习委员。老师说你把同学们的座位排一排。其实很多同学都是重新分进来的，我也不认识。有一个叫郭松伟的同学，我记得很清楚，就是伟大的伟。我一看这个名字，放最后一排吧。结果第二天一看，他是我们全班最矮的一个同学，这个同学恨不得脸都贴到桌子上。我当时就觉得很对不起他，怎么能够让这个同学坐到最后一排呢，但是我当时想都没有想就把他放到了最后一排，就是因为他叫郭松伟。

所以文字和意象对我们的思维造成了非常大的影响，以至于变成了某一种暗示，这种暗示我们在没有意识到的情况下它也在发生作用。阴阳也是一样，因为我们整个民族倾向于以文字尤其是象形文字去展开我们的思维，建立我们的意识。所以很多时候对于抽象的逻辑概念，这个民族是比较混沌的。

7.5

中国古代，墨子学说衍化出了一派讨论逻辑的一群人，就是公孙龙他们，我们称之为名家。公孙龙说，如果我有一根木棍，每天折一半，我是永远不能够把它折完的。我今天折一半，再剩下一半，再剩下一半，再剩下一半……理论上来说永远不会折完，因为它永远还有一半。

但是成天想这个有什么用呢？于是这群人就被猖狂地打到了不靠谱的行列里面，因为他们天天在讨论逻辑。

而希腊人有一个一模一样的情形发生了，有一天在地中海边上，有两个哲学家，他们两个人拿了一个苹果，他们看着这个苹果说，理论上来说我把这个苹果削一刀去一半，再削一刀去一半，永远也不可能削完，因为理论上来说它会无穷无尽，只不过我的刀不够小而已。从道理上来说，这个例子跟之前那个棍子折断是一样的。但是西方人因为他的文字里面是以逻辑见长的，所以他们对于那些好像没有什么用的东西呢，他保持着一种大号儿童的娱乐方式。就是这个事没什么用，尽管没用，我玩我的，你管我呢，他就玩，继续玩。最后因为这个观念发现了原子。

7.6

正是因为这样一种刚开始觉得不靠谱的讨论，西方人开始观察物质，并且发展出了今天的分子生物学。而所有的物理学和微观物理学等，也在这样一个刚开始觉得不靠谱的讨论里面进行下去了。东西方文明因为象形文字和逻辑文字就是拼音文字之间的最开始一点点小小的分衍，出现了巨大的差异。

但是后来有一个人，他看到了这个很有趣的探讨。这个探讨就是说到量子物理学的时候他们开始在思考，到底这个世界是不是真的是由最基本的物质构成的？他们开始思考这个问题了。因为刚开始的时候那是一个假设，假设苹果可以一直分下去的话，它一定可以分到一个最基本的物质来构成一个苹果。

这个时候大家就产生了一个很奇怪的想法了，就是原来构成物质的并不是物质。这是现代物理学发展出来的一个很有趣的讨论。这个事情直接和“色即是空，空即是色”进行对接了。就是说“色”我们假设说它是物质的话，可以看得见、有重量的东西的话，它到最后都是没有重量的，它是以一堆没有重量的东西构成了有重量的东西。这不是文学家和哲学家讨论的问题，而是科学家最后发现的一个问题。

7.7

在物质层面也会发现另外一个讨论，在现代量子物理学里面有一个很重要的命题，即波粒二象性。

这个射过来的光线它到底是物质还是能量呢？假设这里有几个栅栏，你有一个微光，这个光射过去的时候，如果光是物质的，是一颗一颗的小球的话，那么就会发现这个地方是有小球的。如果光是一个能量，它就像水一样是个波纹的话，那么这个地方的波射过去的时候，就像石头激到水面的时候，它有一个波，这个波一层一层，一个波一个波过来。过来以后虽然它有栅栏阻挡，但是过了这个栅栏之后，这个波还是一圈一圈的。

所以科学家就在想，是物质还是波，咱们玩一玩，试一下。如果射出来它是一颗一颗的，这个地方以前没有的，那么它就是物质了，说明光就是很基本的光粒子组成的；如果过了这个栅栏之后还是一层一层的波的话，那就是能量了。这就是科学精神嘛。结果，有趣的事情发生了。当大家认为，光是物质的时候，一检测，果然检测到一颗一颗粒子；但是当你认为，光是能量的时候，重新再做一下实验，你又能发现一层一层的光波。换句话来说，他们得出了一个特别有趣的结论，这个结论就是如果你认为它是物质，它就会长出物质的样子；如果你认为它是能量，它就会以能量的形式给你看。

于是得出了另外一个更有趣的结论，这个结论就是：原来主观观察者的认识对客观是可以产生影响的。

7.8

大家最近在微信上面有没有看到噶玛巴的一段讲话：我实在不忍心告诉你，这世界只是一个梦。这个话是从哪来的？其实印度教和佛教有千丝万缕的关系。印度教里面有一个神叫湿婆罗。大家有没有看过《少年派的奇幻之旅》，它里面有一个场景，有条鱼感谢湿婆罗来救它。湿婆罗是什么呢？其实是印度的一个原神。印度教认为，整个世界包括我们今天的情形都是湿婆罗的一个梦，我们都是他梦里面的一个投影。庄周梦蝶里面也有类似的讨论，我也不知道我现在是一只蝴蝶变成的，是做梦梦到了我是庄周，还是庄周在梦里面梦见了我是一只蝴蝶。

这个很深刻，我们都知道庄周梦蝶，但是你认真想一想，它其实背后是什么呢？如果世界是由一些基本信息构成的话，就有如今天互联网世界里面，你所感受到的一切，比如说我们在梦里面常常会哭泣，会悲伤，会思念一个人，会跟一个人谈恋爱，会跟一个人分手，诸如此类。站在我们现在的判断里面，我们认为那个东西就是一堆信息。

7.9

钱穆先生说：“世界上所有的文化、所有的学术本质上是物质、能量、信息这三个东西的衍生。”

世界是由物质构成的吗？这是今天我们很多人所说的科学的定义。很多人都说，你跟我讲气、讲能量不科学，你跟我讲粒子、讲分子、讲原子，这才科学！这是狭隘的科学主义者。而真正的科学家也在研究波和能量。

如果我们认为这三个东西是某一种讨论的话，很可能有一个结论会出现，就是世界是由这三个东西相互转换过程中构成的。这就是“炼精化气，炼气化神，炼神还虚”另外的一种解释。或者说，物质、能量和信息是可以交互转换的。

徐文兵先生是这样解释关系的，他说：所谓我们俩之间发生了关系，就是我们俩之间发生了物质、能量和信息的交换。

7.10

中国人不求究竟，这不见得是好事，也不见得是坏事。本来关系是很伟大的一件事，现在你说咱俩发生一下物质的关系，然后再发生一下能量的交换，再发生信息的交流，然后把我的信息换成你的物质，你的能量再换成我的信息。但是我想提醒大家，远不止于此，所有的东西除了这三个东西之外，还有什么？可能有，可能没有。只能说不一定。

这个事情在彼此之间互相转换的过程当中，它就形成了一个特别有趣的现象。这个现象我们中国人给它起了一个名字叫“气”。道家对这个“气”有更多了解，又说“气”和“炁”之间又不一样。所以我们为它起个名字的时候，就已经落入了我前面讲到的具象化的陷阱，我们掉进去了。

所以老子才说：道这个东西不是用具象的东西可以讲给你听的，是不能刻度的，不能量度的，不可以标准化的。中国人为了避免掉入具象化思维陷阱里面，做了一件很有趣的事情，就是把一个东西起了很多的名字，一会儿是“气”，一会儿是“道”，一会儿是“元神”了。而且彼此之间文字不完全精准，以讹传讹，传得多了之后呢大家就乱了。用散点透视的方法让你不落入某一个具体的固定化的概念里面去，它破掉了概念对它的影响。

7.11

我大概这样说，物质、能量、信息这三个东西在转换过程当中形成了一个统一场。中国人用“气”这个字来形容这个统一场。所以气既不是物质，也不是能量，也不是信息；既是物质，也是能量，也是信息。既是物质加能量，也是能量加信息，也是它们物质转换的中间态，也是它们超越之后的超越态，也是它们之间的和合态。因为我们必须要了解我们的语言非常非常的有限，语言是一个字一个字讲出来的，我不可以同时讲五个字。你弹钢琴还可以同时按五个音对不对？但是我不可以同时讲五个字。而且我一讲这句话，因为语言是一种逻辑思想的东西，它一旦有，就会产生它的反面，或者说就掉入它不能够覆盖的这个东西的陷阱。

好，我只能讲到这个程度。这就是为什么后来禅宗有很多东西帮助你破掉你的逻辑上的陷阱。是什么，它就用不是什么来破。其实是什么和不是什么之间它还有很多很多的状态。

7.12

为什么《道德经》反复给你讲“强名为道”？“不知其名，强名为道。”就是因为对于老子来说，他一定活在很强烈的纠结里面。就是这个事情我到底怎么说给别人听呢？后来他就说，算了，我爱说不说，你爱听不听。你能理解多少，我也不知道，反正它也不能用语言讲。于是他就用了这样一段话来表述他的无奈。

当我们开始理解这个东西的时候，我们就会发现“病”这个事情很可怕。“病”其实是有些人为了制造我在这个领域里面的专业性而创造出来的。

为什么科学最后变成了一门无比复杂的学问？它叫分科而学。它越强调我在这个领域的专业性，越容易建立我的权威地位，因为我是 perfectional，这就叫“智”。“智”强调了事物的不同，因为我而强调了不同。而我又知道我不同，你有你的领域，我有我的领域，我在我这个领域里面是绝对权威，因为我们俩是不同的。它强化了不同，然后在越分越细的过程当中，就让事情变得在具象的细节里面显得很厉害，但是统和起来在这个领域里面就显得非常的难以协调。

很久以前，中国人就意识到还有一个东西是超越“智”的，叫“慧”。“慧”就是强调事物的相同，就是说在不同事物的底层是否有一个共通的东西来打通呢？

7.13

西方尊重细分，这种尊重细分导致了近现代科学的出现。是好还是不好，真的很难说。因为得看你放在什么层面上看，就像说塞翁失马一样，任何一个事情今天你来看是好还是不好，不知道，不一定。

在我的理解当中，正是由于有了不断地把每一件事情要分出来，然后把它起一个名字，把它清晰化这一背景，中医就被指责为不科学，因为你说不清楚，也没有办法标准化。其实中医是在整个中国文化里面长出来的东西。

在这样一个背景之下，有一派——我们不说西方和东方——这一派的人认为一定要细分到每一件事情上，为每个事情定名字，定了名字之后才能说，只有能说我才能传播，我才能申请学术论文，我才能注册专利，我才能成为这个领域的专家。所以“名可名，非常名”的意思是你别老贴标签，一贴标签就错。但是你又不得不贴，因为你不贴你没办法传承，你没有办法传承你不能成为一代宗师，你不能成为一代宗师你在历史上就没有名字。这就是悖论，这就是一个很有趣的悖论。

所以那些聪明一点的人会这样说，说完了之后会说其实我说的都是狗屁，你忘了吧。这样我又说了我又不担这个责任。这个是很坏的，大家记住，我最后也一定会说这句话的。

7.14

为什么中国人习惯于说我们去买“东西”，不是买“南北”？

因为“东”在中国文化里面主的是木，“西”主的是金，所以这两个东西是可以用篮去装的。“南”主的是火，“北”主的是水，水火装不了，没有重量，兜不住。所以买东西呢，就是中国人把所有的something都以物质的形式命名其存在，所以叫买“东西”，不能叫买“南北”。这是研究文字的老师在《国学堂》里跟我分享的一个观念。对不对呢？也不一定。

7.15

孔子小的时候家里很贫穷，但他天分很高。当时很多人家里面吹吹打打，婚丧嫁娶啊，做一个祭祀啊，他很小的时候就跟着大家做各种仪式，大概七八岁的时候就做各种游戏、各种动作什么的，这就叫礼。

礼是什么？礼是尊重的艺术。礼分成三个维度：整个宇宙在公转当中产生的价值叫礼天，如何尊重天，就是不可知的时间；对大地进行尊重叫礼地；对现实生活中的人尊重叫礼人。在北京有各个坛：为表达对太阳的尊重专门设计一个会所，叫日坛；对月亮的叫月坛；对大地的叫地坛；对天的叫天坛；对谷神的叫先农坛。

大家以后学中医，肯定最终有一天，不管学什么中国文化，最终一定要学历法，因为历法是跟天文的周期有关联的。所以这就创造了一个很有趣的观念，什么叫“时间”？我们中国人管时间叫什么？叫“时光”，时光飞逝。时间在本质上来说，在中国人的理解就是太阳星辰在地球上光影变化的刻度，这个叫时间。你这样理解这个时间，你会发现它很有趣。如果所有的星球都突然静止的话，时间就停止了，就不存在了。所以时间是什么？时间是可以借由某种重新的表述来看待的。

7.16

这样的一个周期就奠定了我们作为一个人要活在这个世界上很重要的一个思考方法。就是你必须要和这个大周期协同共振，也就是《黄帝内经》第一篇上古天真论，开篇就是讲这个事情，就是你必须要和天地同期。

就有如你们家有一部车，每个零件这样转，有的转三圈，有的转五圈，有的转一圈，有些时候有的转了五圈之后另外一个才转一圈，它是一个巨大的齿轮在互相转。如果你不按照这个节奏转会怎么样？要不然你挡着地球转，就是你挡着这整个车子转了，要不然地球让你必须要跟着它转。于是通常情况下，一个人作为一个很渺小的个体，你要想跟这个东西保持同步的话，你一定会舍。

所以很多人学中医，一开始问我吃点什么，我扎哪个穴位，我拍打哪儿，其实这个东西背后都有一个最重要的基础。《黄帝内经》作为中国医书或者说中国养生学经典的奠基之作，它开篇的《上古天真论》就反复告诉你，那些都不重要，重要的是你要让自己的整个生命节奏和这个大的节奏保持同步。只要你保持同步你就不会受伤。比如说你在飞机里面，这个飞机坐地日行八万里，地球也是这样，只要跟它在一起，不要折腾，其实你在里面是相对比较安全的，不会受到它的速度的损伤。

7.17

我们常说走运，运是什么？五运六气。学中医的人都知道天干地支。地支就是我们把地球分成二十四份，也可以分成十二份，只不过把两份合并成一份，再合并就是六份。天干呢就是此时围绕着地球的这些关系。所谓的运气就是你是不是让你的行为和地球的自转、地球的公转保持同频共振。

有一本书叫《圆运动的古中医学》。这是我中医入门的第一本书，花了很多年的时间反复看，以前看不懂。看了大概十年以后，最近才开始看懂。

我们鼻子里面吸进的是空气，就是地表以上的气。我们嘴里吃的东西都是地里长出来的，不管是植物还是动物，动物只是吃植物而已，所以嘴里进的叫地气，而鼻子进的是天气。所以鼻子这个地方叫什么？人中。天地之间的交合点就在这个地方，所以人为天地之交合的一点。

7.18

我们每一个局部都是对整个宇宙的投射。比如说你把一个镜子打碎成二十五片之后，你看到的每一个碎片都是一个完整的人，都不是局部的人。每一个细胞都包含了你的所有信息，就像你每一个基因里面包含了所有的信息一样。所以“大而无外，小而无内”

说的是这个事情。就是说世界并不是由局部组成的，是由无数的整体组成的整体。世界是由整体组成的整体，不是由局部组成的整体。我们千万不能把一个事情分裂成很多事情，因为每一件事情里面都是全部。

在这个天地之间，当我们说地表以上的这个天、地表之下的这个地的时候，它有一个情况，那就是它有一股热能其实并不是永远定在一个位置的，它会随着地球一年的自转和公转升降。什么意思呢？我们都有经验，冬天的时候地下是比较热的，而夏天的时候地下比较冷。在矿井里面就是这样的，夏天的矿井下面反而是冷的。这个事情很重要，因为其实整个大气压在变化。在《圆运动的古中医学》里面，就特别清晰地用物理学、化学、数学很多种学科去讲一个很重要的事实，而这个事实对我们学中医的每个人都是非常重要的。

7.19

冬天的时候这个热能其实是在地底下的。到了春天，借由树木的生长蒸发，把地底下的水、热能、生物和生命力（我们姑且用生命力这个词吧），抽上来输布到天上去。所以春天的时候，随着植物的生长，它这个气在东方。因为地球是这样转的，永远是东边比西边更早看到太阳。所以东边更早的地气就开始蒸发。在秋天的时候它们就有一个下沉的过程，在夏天的时候就弥散在上面。

那么在每一个转换的过程当中，它找到了一个中介来做切换，这个中介是什么？就是所谓的土，它用土这个概念来描绘这个介质。这个转换的过程，这个机的转化过程，就叫气机。

7.20

人体如果是比喻成天和地的话，你就会发现一个很有趣的现象。我们冬天的时候内脏所充的血是比较多的，而夏天的时候表皮充的血是比较多的。所以说冬天为什么要进补呢？是因为当更多的血液储存在内脏的时候，它有足够的能力去分解消化吸收高蛋白高营养的东西。所以很多人在夏天的时候反而因为内脏血不足，很容易着凉。因为夏天的时候血液输布在外，更多的是在体表。为什么它更多在体表呢？道理很简单，因为夏天整个温度高，你需要让更多的血液在体表去散热。冬天的时候你毛孔紧缩，需要更多的血液在内脏里面。血液进去之后毛孔就紧缩了，紧缩之后就不会让冷进来。

7.21

我们的身体是处在一个不断开阖的过程中。如果以一天作为周期的话，每一天的白天它都是膨胀的，晚上是收缩的。所以晚上你要是买一双鞋，可能第二天早上觉得穿着有点小。因为晚上的时候是你整个的血都往里走的时候，血会带来热量。这个热量在体表的时候会产生热，这个热会膨胀。所以我们白天的时候整个人是稍微胖一点的，晚上的时候人是稍微瘦一点的。原因就在这个地方，是因为热产生的变化。当然它差别很小，但这个差别的重点不在于大小上，而在于方向上。所以为什么说晚上的时候一定要收藏呢？是因为这个时候你本身这个节奏就是往里走的，如果在这个时候你要往外扩散的话，其实你就违背了这个节奏，你就把自己的生命节奏打破了。

以后我们要洗桑拿的话最好不要太晚去洗，晚上 12 点后洗桑拿对身体多少是有伤害的。因为一洗桑拿就破坏本来应该回收的这个节奏。如果你这一次回收破坏了这个节奏的话，等下一次需要往外膨胀的时候，你已经没有力量往外膨胀。这样一来二往，二来三往，它这个张弛的节奏就被打破了，于是你的生活就出现了问题。

7.22

在这个张弛的过程当中它会形成一个很有趣的现象，这个现象就是血液流注，就是说我们的血到底是怎么流动的问题。

表面上看我们的血都是从心脏泵出来的，这样一圈一圈在走的，但是在不同的时间、不同的脏器它的充血量是不一样的。这就是所谓的子午流注。西医也承认，比如说一个人感冒，它总有某个时候症状比较强烈，有时候比较不那么强烈。包括疼痛也是。有过疼痛感觉的人都知道，比如说我痛风，总是夜里三点钟是最痛的，非常明显，本来那个地方应该有一点血，可能那个时候它最没有血，或者它堵在那个地方，那个时候最多的血突然涌过去，它会压迫那个神经。诸如此类。

总而言之，这个周期性是非常清晰明确地存在的，只不过我们大部分的人由于每一天都不按照这个节奏作息，也感觉不到它。电灯的发明让我们晚上本来该回收的时候我们没有回收，所以我们白天的时候能量就不足了。因此，大家应该定期地到农村去住，到没有电灯的地方去住，这样可以帮助我们回到日出而作、日落而息的状态。这就是一天的周期。而一天的周期，又对应一年的周期的特征。所以中医常常讲早上就是一天的春天，晚上就是一天的冬天。它讲的是这个周期的对应性问题。

7.23

如果是一年的话，它也有这个周期，每十二年也有一个周期的轮回。于是我们把这十二年轮回的每一年，给它一个名字，就有了十二生肖。一年也可以把它分成十二段，这十二段就是十二星座。如果把十二段每一段再分出来一段，就是二十四节气。所以每一次星座的交接点都是一个农历节气，你看，射手座和摩羯座交接点是 12 月 21 日或者 22 日，正好是冬至。它基本上每个月 21、22 日都是一个农业节气，或者 4 日、5 日，或者 21、22 日。清明节就是 4 月 4 日，因为它正好是半个月半个月来算的。如果以农历来说，我们今天的历法是阴阳合历的。

正是因为这样的一个又一个的周期带来了周期性，所以在某种程度上来说，不同的人在不同的时间他的生命状态是不一样的。所以常常说你这个人到哪一年可能会有一场大病，哪一年这个阳寿怎么样，它其实是在这个周期性上面去推算的。它只是一个概率，因为除了这个你能看得到的这个周期之外，它还有很多隐性的力量在影响着他。不过几乎所有的，无论是中医还是西医都承认，每一个人的生命能量总是出现某种波动的阶段性的变化。这种波动的阶段性存在某种周期性，在西方我们称之为生物钟现象，在东方或者说在古典文化里面我们称之为命理。

因此，放在这样的背景下思考和看待生命，我们就可以突破它迷信还是不迷信的说法。说它迷信的原因是你只相信科学，或者你只相信你以为的科学，那也叫迷信。你以为的科学只有数学、物理和化学，那也是科学迷信。如果你能知道这个东西有它的道理在，它也不是迷信。而且尽信书不如无书，也不是完全依赖它，你只要相信“不一定”这三个字，你就不会迷信。

7.24

中国古代有一种人叫礼官，就是专门负责推这一年这个东西的变化周期。儒家最重要的经典，就是《诗经》《尚书》《礼记》《乐经》(已经失传了)《易经》和《春秋》。

大家有时间可以看一下《礼记》这本书，你会为中国古代的人产生一种强烈的自豪感，他们太牛了。哪一天吃羊肉，哪一天吃鹿肉，都写得清清楚楚。我们现在很多人的周期节气全都在里面划出来，这是小小的一点东西而已。哪一天吃什么，哪一天朝什么方向做怎么样的动作，哪一天什么东西发哪个音，它全有。它的背后的周期是来自于“一炁周流”。这个“一炁周流”的体现就是这样一个过程。

7.25

有位于卫东先生，是我见过在加拿大生活的最好的中医之一，因为他治病很有效，用的就是“一炁周流”。

他说：我治病时，当那些外国人来的时候呢，只要给我看眼底。有时候一看，那个人就很生气说：我不是让你帮我看眼病。他说：其实我不是在帮你治眼底，我只是帮你调回你的这个“一炁周流”。我管你是什么眼底还是哪里得病了，我把你所有的病一块儿治了。因为其实不是我治你的病，是你自己治你的病。我只是帮你在找，阻力在哪里，动力在哪里，阻力怎么减少，动力如何提高。

阻力点其实在我们身体上是有反应点的。捏过脚的人都知道，脚上有反射区。其实，手上有反射区，身上也有反射区。我们的阻力点，你一点一点地把它剥开，一点点地让它减少这个阻力的时候呢，它自己就会去系统地周流。这才是真正的“一勺烩”。

7.26

很多人都说，中医是骗子。说这个中医能治癌症，又能治什么，那为什么他就说这个病能治，那个病治不好呢？原因在这里，因为很多中医都没有意识到，真正治病的，根本不是你医生也不是你的药，你用了这个方法帮助他，他自己去解决他的问题，你只不过没有挡着地球转，或者说帮他推了一把，顺势而为，帮他这个“气”周流起来，按正常的方法推了一下而已。如果他本身还有这个能量，一用，他能解决问题，所以这个病就治好了，你误以为是你的功劳。而实际上，如果他本来就没有的话，你想去拨转他，那也没有用，也治不好。所以呢，西医就批评中医说，你看你这个不可重复吧？你这个不标准吧？你的操作手法不标准的原因就在于，解决问题的思路根本就不是针对这一个病在治疗。中医解决问题的思路在于，如何让你的这股气机能够转起来。这个气机叫什么？中国人叫“生”。

7.27

很多人说我是做养生的，我常常就问他：你知道什么叫养生吗？你可以养一个猴子，养一个人，你养的这个“生”，它到底是什么？其实它是一个文学化的比喻。我们姑且把这个“生”定义为像是一个东西，像商场一样，你要去养它。用孟子的话来说，这个养就是“吾善养吾浩然正气”。所以，孟子是一个很奇怪的人，当时他的生活经历并不是很好，到处都不是很待见他，他活到八十四岁，那个时代他这个人可以说活得很长了。孔圣人才活到七十三岁。原因就在于，他每天做一件事情，养自己的浩然正气。

7.28

这个浩然正气不仅仅是在一个谁的身体里面有，在组织里面也有，我们称之为“组织行为学”。在中欧上课的时候，我最喜欢的一门课叫组织行为学。组织行为学到底是干什么的呢？其实，就是调整整个组织的行为和思维模式，让大家在这个组织里面有一种正气。

有经验的人都知道，这个组织只要有正气，哪怕有这样的竞争、有那样的问题，公司总能够找到好的商业模式，总能够做成事情，它总能往前走。

这个正气是什么呢？

这个正气其实就是让信息通达。客户的需求能不能有效地反映到公司，上面的需求能不能够反映到下面，下面的问题能不能够反映到上面。它其实不在于什么事儿，而在于是不是通。只要通，它就能够转起来，只要转得起来，这个事儿就没问题。

7.29

气机就是四个状态，升、降、出、入。

我们怎么看中医的“象思维”呢？比如说我们会发现有一种东西叫“信”。“凉风有信，秋月无边。”“信”是什么呢？就是信号、信使、守信，就是说我们都是这样的，桃花、李花、杏花它们的开放顺序基本上是五天一个，这五天是这个花，过五天是那个花，它是按节奏走的。所以呢，《镜花缘》里面花仙子都是按这个节奏走的。后来它打了一个比喻，西王母娘娘那天为了庆祝生日，大家在这个温室里面都开花。所以，那个就是不守信了，就是大家都不合适了，没有踏着点子走了。这个信呢，就是这个气机，它是无处不在的。

7.30

在大地里面气机也是这样的。春天的时候，借由升腾之气升上来；夏天，浮在外面；然后，秋天沉下去；冬天存在地底下。说到我们的身体，这个白天的时候气比较靠外面，晚上的时候靠里一点。夏天的时候靠外面，冬天的时候靠里一点。它都在这样升降，出入，沉浮。

我们看见春天的时候，花开了，树叶绿出来了。我们可以借由看得见的树枝的绿，来看见后面的那个生机的出现。本来到冬天的时候，一棵树完全枯了，是什么推动它又长出了新的绿色的芽呢？它并不是新的东西对不对？它是什么？在每年春天的时候，我常常站在那个树枝前看着这个树啊，有一种很强烈的幸福感。北京就是这样的嘛，到了冬天的时候，绿色全部消失了，所有的树都没有了绿色。然后，你会觉得特别沮丧。到了春天的时候，“啪”那个绿叶就弹出来了，你就觉得生机又来了。

7.31

我们看见生机的乍现，这就叫“象”。这个看得见的绿叶，我们称之为“象”。从绿叶看到背后推动绿叶长出来的那个东西叫“机”，看那个东西叫“观其气”。为什么你能看得见？是因为你已经知道了，你内心里面已经知道了它有，所以你看见这个东西的时候，你才可以感觉得到。

所以我们借由这个事情，可以看到有些人手指甲上的那个月牙，有月牙和没有月牙的，那一定是肝气是不是充足的表达。因为肝气推动，就会长出指甲来。如同发为血之余，肝主筋，这个指甲是筋之余，就是筋的最外的一层，所以，你可以透过这个月牙，知道他肝气的状况。

这个生机会体现在一切领域里面。所以，中国有一句很有意思的话，叫做“天地之大德，曰生”。

7.32

这个生机是天地之间的大德，而且它是不生不灭、不垢不净、不增不减的。空中无色，色即是空。它说的是这个东西，它不会没有的。

曾国藩有一句话讲得特别好，他说：每日不拘何时，静坐四刻，体念来复之仁心。这个“复”来自于《易经》的一个卦相，叫做复卦。中医有很多字词都来自于《易经》。比如说，文化的“文”，下面这个东西是什么？这是“爻”，阴爻阳爻的“爻”。上面这个东西，跟那个“玄”字的上面是一样的，天地玄皇的“玄”，这一点一横代表的是天地，下面这个是“爻”。

这个“复”是什么意思呢？就是说，你看《易经》，你要看这个生机是怎么样传递的。在最糟糕的时候突破而出，重新长出来的那个状态就叫“复”。

7.33

我们常说“一元复始，万象更新”。曾国藩说，我每一天都特别累，最累的时候该怎么办呢？我就坐在那里看着绝望，看着累，看着一切的消耗，然后就等，等。然后，“啪”，有一个很微弱的小火苗就会来，那个东西叫“一元来复”。就是说静坐四刻，每一天坐四次，每次十五分钟，体验一元来复之仁心，他说的是这个东西。所以永远不要绝望，因为只要在绝望到底部的时候，它就会反弹，触底一定反弹。到顶的时候呢，一定往下走。这个东西就是中国人经过了几千年的研究和观察，发现的一个颠扑不破的真理。

7.34

那到底是什么东西促使它反弹呢？是因为它总有一股生机在。

所以，到了任何最糟糕的情况，用普希金的话来说：冬天来了，春天还会远吗？所以他在心里面看到的不是冬天，而是看到了这样的一个周期。你知道，冬天之后一定就是春天。

想当年有一个人很牛，这个人叫张海。他在健力宝搞了一款饮料叫“第五季”。张海这个人气魄很大，七十年代生人，敢拿几个亿让滨崎步来做代言人。当他做健力宝总裁的时候年仅二十八岁。那一年我也二十八岁。

张海当时那么年轻，他敢让滨崎步来做代言。他是个修行者，后来因为他在健力宝的事情被关到监狱里面去。他的这款饮料叫“第五季”，他敢跳出轮回，四季就叫轮回，轮回就是四季嘛。他非要搞“第五季”，所以，他是有大气魄的人。但是呢，这种大气魄突破了常道。从某种程度上，这个名字已经注定了它的必然灭亡。为什么呢？因为他太年轻了，他的能量不足以面对整个天地转换的气机，他要突破这个事情是很难的，是容易受伤的一件事情。所以这一个名字已经奠定了他后来的结局，这就叫观象。

7.35

有一个很有意思的人，是马未都老师。大家都知道，他的博物馆叫做"观复博物馆"，就是看着那个东西重新出现。所以，很多时候呢，你不用担心这个事情会完全没有。为什么呢？因为你只要不做，它就会长出来，因为生机一直都在。这个世界上是没有什么东西会完全被消灭的，它不会灭亡的，它有各种方法重新长出来。

7.36

其实，"一元来复之仁心"这件事情背后讲的就是我们是不是对生机有一种类似于终极信仰的东西。就是说，你是不是愿意相信一切都有生机，一切皆有可能。这个生机是什么呢？就是它在刚刚开始的时候，是一个非常非常微弱的东西，它会随着时间的推移，如果你不去阻碍它的话呢，就会慢慢长大，长到一定程度之后，它就没有了。这个东西就是《易经·乾卦》里面讲的从"潜龙勿用"到最后"飞龙在天，群龙无首"，然后"亢龙有悔"。这个卦象实际上是在说，这个生机在不停地变化的样子。

所以，高人开方子是很有意思的。这一组方子，比如说，这四次八次调方，就是帮助你的身体呈现出潜龙勿用的状态。潜龙勿用就是把阳潜下去嘛，也就是保护你的生机，然后你什么时候亢龙有悔，什么时候群龙无首，他是有策略的，所以一个个方子走下来，非常漂亮。

7.37

很多人都是把卢崇汉先生的方子作为珍品来收集的。他给一个人看病，开始的时候他是怎么样从这个相里面推出他的策略的呢？他是这一次帮你治这个病是要让你去体现在这个格局上面，然后呢，过了这个阶段就会到另一个阶段。而且他的每一个方子，第一味药用什么，第二味药用什么，第三味药用什么，都是有顺序的。比如说，我总共开的四味药，先开哪一味药，都不一样。这四味药对于大部分人来说，有什么不同呢？都是抓了去煮对吧，会有区别吗？但是卢先生认为，这叫礼。

就是说，谁放在前面，谁放在后面，是有讲究的，这叫“君臣佐使”。君就是主要的，定下这个策略，这个性格的药。臣药就是帮助它完成这件事情的药。佐药是什么？辅佐辅佐，辅就是顺着推你一把的，佐就是与你相左的，这个相左呈现出更强的力量。比如说，有的药可能吃下去呢，稍微有点热，或者稍微有点凉，稍微有点寒，但是他的目的是要达到凉，那怎么办呢？太凉了之后可能会伤到脾胃，于是呢，他加一点温辛的药，就是稍微热一点点的药。然后来让它的药性没有那么的极致，这叫佐药。使药是什么呢？我让你吃这个药，要让你这些药更好地解决肝筋上的问题。那这些药吃到肚子里，是在脾胃里面的，它怎么能解决肝筋上的问题呢？他要找到一味药，让这味药带着这些药去到这一条脉络里面去，解决这一条脉络里面的问题，这叫使，大使的使。

7.38

君臣佐使，谁是第一味，谁是第二味，谁是第三味，谁是第四味，他会按照这个顺序写方子。这个写的过程其实是他不断地借由这样的一个方法来强化对这个事情的尊重。为什么要有礼？就是说你要有仪式，要有行为艺术来表达我的尊重。这种尊重给自己建立一种强烈的暗示，暗示就是我太重视这个事了。每一个细节都重视，最后你才能把事情做好。我从来不认为一个人在内心里面没有尊重感，不觉得这个事情重要而能够把事情做好。

所以，可能写这个东西的过程本身对病人没有那么直接的作用，但是，这个东西对开方的大夫来说非常重要。他让你觉得自己很重视这个事情的时候，这个大夫的所有的言行包括他的面孔都会以各种方式传递给病人，让这个病人升起信心。因此，一个人的医术和医德是成正比的。

7.39

小到一个组织，大到一个国家，大到这个时代、这个社会，所有人都有类似的状况。我们必须要很清楚地意识到，我们正在经历一次人类文明最大的五千年未见之大变局，这在我们每一个人的身上都正在体现着。是什么呢？就是人类从来没有一个时间像现在这样，如此紧密地连在一个网上。从来没有过，这个事情非常重要。

连接信号的交流会形成更好的共同体，它的生机会越来越强。你想，当五亿人、十亿人全部聚合到一起的时候，这个生命是一个多么强大的生命？！比如说，大家都在微信、微博上讨论一个问题，哪怕开始是错的，过段时间自然而然地，它的这个调子就会定下来是什么样子的。你得尊重这个事情，因为它是大部分人的沟通交流、充分地转发评论和合而成的一个东西。我们称之为

“高”，称之为“神”。

7.40

人世间有三大补：第一是睡补，就是在睡觉时接收地球磁场；第二是人补，找到让你欢心雀跃、让自己觉得有生机的人；第三是乐补，找一个乐趣，不要花钱的乐趣。很多很花钱的乐趣太贵了。

这三大补是能够补元气的。找到让自己的磁场正能量加强的人，天天跟他在一起，跟开心的人在一起，时间长了自然就开心了，然后你就成为别人的磁场。

《阴符经》里面讲，其实我们都是“贼”，我们在向别人偷。它用了一个引号，其实叫借，你借了，然后你再还。我读大学的时候，曾经很热情地帮助过当时大一的小朋友，当然是女生，是别的系的。女孩子说：你干吗呢？你为什么帮我呢？我很真诚地告诉她：在我像你们这么大的时候，有几个学姐也帮助过我。

7.41

真正解决问题的方法是什么？是根本不认为这个问题是问题。那一刹那，这个问题就不再是问题了。所以，我认为庄子是一个非常了不起的人物，就在于他在那个年代能够如此高瞻远瞩地看到宇宙的真相，或者人世间的真相。

庄子有一篇文章叫《养生主》，所以我认为养生这个观念、整个养生这件事情都是庄子提出来的。我们天天讲养生，我们养生界的大佬应该是庄子，我们应该把庄子放在这里来拜。

庄子思考养生的问题，他的解决方案是把养生放在后面，把逍遥放在前面。所以，我反复地讲，我们怎么养生？唯一的方法就是跳出疾病。所以林杰老师说天下无病，首先要在战略上藐视敌人，在战术上才能真正地重视敌人。因为那个时候你已经不纠结于它好还是不好。

7.42

有很多人之所以不能够真正解决问题，是他解决的时候老在纠结，应该不应该，好还是不好，对还是不对。你一去想这个，你的能量就会专注在这个事情上了。所以解决养生的问题要跳出养生来看，这个是庄子给我们最好的解释。

庄子看到了生机，看到了没有用的东西能够对生有帮助。所以他为什么讲那个故事要用一棵没有用的树来做一个结语。他认为，因为这一棵树没有用，所以它活了很久，以此来作为这一整篇的最后的结尾。因此，我们必须要很清楚地意识到，让一切有用没有用的东西都变成真正的有用，而且很可能，你认为最没有用的东西其实是最有用的。

7.43

如果说我们要理解《易经》的话，其实一切的卦象都是乾坤二卦变出来的。

什么叫觉者？觉者就是你清楚地知道我应该自强不息，还是应该厚德载物。是百分之七十的自强不息，还是百分之三十的厚德载物？就是这样的。其实所谓的《易经》的智慧就是告诉我们，你现在处在百分之多少的乾、百分之多少的坤，它不是分离的，而是阴阳交互的，于是就形成了所谓的各种卦象。所以，要了解这六十四卦，基本上要了解乾和坤。

7.44

乾卦讲的是什么呢？其实乾卦——所谓的天，翻译出来就是说，有一种东西是我们觉得很神奇的，是永动机。牛顿一生都在研究什么东西是永动的，这个能量永远可以动。比如说地球在转这件事情，谁让它动起来的呢？就是有一个东西它是永远在动的，你也不知道谁开始拨动它第一下的，所有的物理学都在试图回答一个问题——谁是第一推动力？

那好了，在我们不知道它怎么来的时候，那叫先天。我们现在看到这个东西的现状，在没有来之前我们先不讨论，我们就截取它一直在转的这个阶段来看这个问题，于是叫永动。它叫什么呢？“天行健，君子以自强不息。”

7.45

让我们看健康的“健”。“健”是什么？就是你的“一炁周流”一直在转，能够达到一直在转的状态，叫做“健”。

“康”是什么？一条路叫路，五条路汇在一起叫康，六条路连接在一起交叉的地方叫庄。中国古代人太高级了。我们现在的路口，一条路的路口，两条路的路口，五条路的路口……全都是这样去形容，而古代人不是的，古代人非常细致地去描述这件事。

所以健康是什么？第一，你是不是能够有效地“一炁周流”，你的力量是不是够，动力是不是足；第二，五条路是不是通。这五条路是什么？就是五行或者五脏，它是不是通，阻力是不是够小。

7.46

“乾”讲的就是“天行健，君子以自强不息”。

我们怎么能够让这件事情永远在转动？在我们身体里面有两个东西是这个事情的启动机。一个就是我们的心脏。心脏很奇怪哦，我们在母体里面的时候，是先有心脏后有人的。就是一个胚胎开始的时候，先出来了个能跳的心，然后慢慢长出一个人。大概在三个月左右的时候，手指、耳朵、舌头都长出来了，开始长了，然后慢慢地长大。在这之前，他不是说一开始那一秒钟“啪”就已经全长了，没有。刚开始的时候内脏都没有的，就只有心脏。那个心一开始在非常非常小的时候就开始跳了。

乾卦讲的一个观念就是，你是不是能够维持一个内在驱动力，而你的内在驱动力是不是又和宇宙的这样一个规律之间有关联。但是，这个“乾”呢，就是管你是谁，老子就要折腾。所以有些人愿力很大的时候，它会突破业力。一个人决定走乾卦，哥们儿就扛着。你爱不爱我，我都爱你。你要不要我，我都要你。这就叫“乾”。

7.47

“坤”是什么呢？“地势坤，君子以厚德载物。”

坤到最后的时候就是不分辨地接受。没有分辨地接受，鲜花和牛粪对我来说是一样的，全部转换，换成土壤，最后在土壤里长出一切。实际上我们理解坤就是理解财富。所有的财富都是从土地上来的，无非是刚开始的牛羊、土地上的果实、下面的矿石（矿石里包含金子、黄金，然后再里面是石油），对吧？所有人类的财富都是基于土地的基础而来的。所以很多人说地为财、土为财，说的就是这个东西。就是说你是否有足够的转化能力，接纳和转化的能力就变成坤德。

坤德就是坤的功能，坤的性格就是接纳和转化，把一切接纳下来转化成我想转化的东西，这个过程叫“坤”。

7.48

讲了乾坤二卦之后，我想讲讲“谦”这个卦。“谦”这个卦叫“空谷藏峰”。

这个世界上的人分成几种：自强而示强，自己本来很强，但是展示得很强的，这不算高级；自己本来很强，但是展示成很弱的，比较高级；当然，自弱示强是最苦的人。

一个自强者展示得很弱，他是什么目的啊？是减少阻力。因为你一动就会有阻力，你不动就没有阻力，所以一个本身很强但是表达为很弱的人，动力很强，阻力很小，生机得以勃发。艮下坤上，坤就是土，就是说上面是土，下面是艮，就是山。初看上去像土一样，但走进里面才发现有山，所以那些表面上觉得傻傻的、憨憨的，但是内在很有主见的人就变成了君子。

为什么要讲谦卦，其实还是生机的问题。就是说整个人的生机就是提高动力，减少阻力。

7.49

最后再谈谈曾国藩先生的“每日不拘何时，静坐四刻”。曾国藩这个人能够做成事的原因是什么呢？他做什么事情都特别认真。比如说他写信，为什么有《曾国藩家书》？按道理说，你把信寄出去了，怎么会有《曾国藩家书》呢？他是每寄一封信之前，再抄一份留底的，所以他寄给别人的信他自己都有留底，他自己再抄一遍。一个还要打仗，还要去做那么多事情的人，还能够经常写那么多的信，还要有时间每天静坐。

为什么，你们知道吗？很重要的一个原因，是因为他身上有白化病，而且有类似于像癫痫这样的病，很痒，他一生都在找医生，都没有找到。以曾国藩的能力都找不到医生，所以我想告诉大家，其实很多病真的是治不了。曾国藩有一次在他的日记里面讲，明天就要去见皇上了，希望这个痒、溃烂的部分不要露在衣服以外，否则的话会吓着皇上。然后战战兢兢，结果最终真的没有让皇上见到，他觉得很高兴。回来就说，今天真不错，见皇上的时候没有露出来这些部分，虽然在里面痒，但是没被看见。这就是曾国藩他自己的日记。正是因为这个原因，你再有钱，能力再强，你都不可能出去风花雪月，衣服一脱，吓死了，你就会自卑。

所以，他就会花很多的时间去干什么呢？就去写家书、静坐，寻找各种养生秘诀。所以我们要感谢我们身体的疾病，是吧？一切都值得感恩。

7.50

我也很感谢我的痛风，没有痛风就没有正安。我不是因为痛风就不会找大夫，没有找大夫就不会为了把这些大夫留下来而开医馆，不开医馆就不会开连锁医馆，不开连锁医馆就不会开学校，不开学校就不会在这里讲课。所以因为痛风才会有这样的情形，是吧？没有痛风，我也不会做今天这个事情。就是说我们要把一切今天好的、不好的事情，最后都站在一个更高的角度来看的时候，你就发现一切都可以为我所用。

宋明理学里面的二程我不太了解。不过张载的一句话倒给了我很大的鼓舞，那就是“为天地立心，为生民立命，为往圣继绝学，为万世开太平”。尤其是“为往圣继绝学”，我每次讲到这句话的时候，我就觉得好像这句话跟我有关系，就是那种感觉，你知道吧？这个事情很有趣，其实有没有关系不重要，重要的是我认为有关系。你只要认为有，它就有。

7.51

讲到此处，我想跟大家分享一下我个人认为的儒释道三家对于生命的理解。

先说儒家。以前我们不读儒家不了解，后来发现儒家从孔子一直到曾参，一直到子思，到孟子，这一脉下来算是儒家的正根。其实从孔子开始，都是很可爱的人。

你可以想象一下，孔子是一个身高一米八几，用朱清时教授的考据来说，是接近两米的人，会各种技能，在当时能操作好多匹马的车，会射箭，力气很大，会弹琴，会算卦，还会埋人，包括埋人的各种高难度技巧，就是把一个人埋得很高级这件事是他的专业，所以他这种人活在任何一个时代都是饿不死的人，所以他也说自己技能太多。而且这个人建立了一个党派，其实当时的儒家已经成为一个儒党了，超过三千人，有清晰的政治主张，并且有极其强大的凝聚力，这样一股政治力量活跃在当时的鲁国。它已经是中国最早的党派。

你看他最喜欢的生活状态，是早春三月，带着几个学生，找一个温泉泡泡，在温泉里面喝喝酒，喝完酒之后，趁天还没有冷、风还没有刮起来的时候，一路唱着歌，然后回家食不厌精，脍不厌细。他是放几天的酱肉都不带吃的那么一个人。

7.52

其实是随着《大学》，随着后来孟子的继承，儒家的生命观变得越来越刚强和弘毅。其实某种程度上来说，我觉得后代中国知识分子的脊梁是靠儒家支撑的，甚至一直到抗战时期的许多儒将，他们在面临民族大义存亡时的承担，都是和儒家的“士不可不弘毅”这一种强烈的主人翁意识有关，这个主人翁并不是说他是天下的主人，他是自己生命的主人，所以他作为主人，来到世间是要有担当的。

每一个真正的儒生，我所尊重的儒生，他整个生命信条里面都是一种对从自己到家族、到朋友、到乡党、到国家、到天下，他是有一圈一圈的担当的过程。而且因为我有这个责任，所以我不怕死，所以我反而能活得长，这个逻辑是清晰的。当年在西南联大，敌军炸弹来跑空袭的时候，梁漱溟、刘文典都曾经说过类似的话，说我不会死，因为还有事没干完。他有一种天命感，就是一个人相信他自己就是承担这种天命的时候，他就有一种被天罩着的勇气，这种有老大罩着的勇气，自然而然就有一种摧枯拉朽的生命力支撑着他，他有凛然之气。后来很多北大的那些老的学者和教授，比如汤先生、季先生、楼老师他们身上都能看到。就是在老一辈的学者身上，你看到他们有一种正气在。

7.53

而道家的精神是什么呢？道家的生命观来自于真正理解了天地的机变，什么叫“机”，什么叫“机变”？即天地之机的变化。就是他知道世界那些看似不相关的会出现的人会出现的事，会出现的天气，会出现的人文地理的情况，甚至会出现的一些风俗，都是隐隐地受一个巨大的程序在影响着的。而道家的人总是知道这个程序现在运行到第几步了，然后他在最恰当的时候出来，但是他不自己干，他会找一群能够干的人，给他们方向，帮他们在关键的时候做一些决策。比如你会发现诸葛亮、张良、耶律楚材，包括范蠡、刘伯温，其实都有这种道家的特质。

他们都知道用自己“一夫当关、万夫莫开”的这种气概去支撑，能耗太高，所以他总是用别人去消灭别人，用别人去帮助别人。

然后不居功，不求名，功成身退。所以历朝历代有许多道家仙骨的人，在乱世他就出来了，帮助稳定社会次序，帮助其他人去做他们应该做的事情；在和平盛世，他们就隐藏起来了，躲在一个不起眼的角落，对那些鄙视他的人心里默默地念一句：“你丫快死了，你还不知道。”

他就是挣钱都不会很努力地挣，他也不需要花很多钱，但是他知道什么时候需要钱的时候，他手上就有钱，这就是有道家精神的人。通常这种人不会太胖，他连胖都懒得胖。他知道多余的钱只能做多余的事，多余的人只能带来多余的烦恼。这样的人他自己活得长，在和平时期他活很长时间，但是你也不知道他在哪里。他也懒得向你证明和解释他的存在。他是一个不需要刷存在感的人。

7.54

而佛家这一种智慧来自于什么呢，来自于真正意义的物随心转，就是说世界只不过是一组又一组我们心念心意识临时组合的幻象，就像量子物理学这些年研究的结果一样，那就是观察的结论与观察者的主观判断有关。

我们所感知到的这个世界，无论是眼睛看见的还是耳朵听见的，还是鼻子闻到的，还是身体触摸到的，甚至想到的，我们称之为“色、声、香、味、触、法”的，佛家认为都只不过是一个临时的幻象，它是临时的，它过去不曾有，未来也不会有，对于这种状况他们不执著不强求。所以甚至我认识一些和尚，他们的身体未必有多好，但是他们并不以为然，也不那么在乎，甚至在某种程度上，隐隐的让我感觉到他们也在享受身体给他们带来的痛苦。因为他们似乎有这样一种潜台词，认为现在这一切身体上的痛苦，都是过去他们的无明带来的一个结果，只需要接受它就好。所以当一个人不觉得痛苦是一个痛苦的时候，可能就没有那么痛苦。就像当一个人不觉得爱情是爱情的时候，爱情就不会对你造成伤害，你就会享受爱情。只是他们这么说，我也没证到。

7.55

我感觉还有一个可能，就是现在真正的以禅定呼吸法门来修身和修心的和尚不太多了，我只能说不太多了。朱清时教授曾经跟我说过，在民国时期曾经有一个和尚叫做传钵，他当时在金顶上结庐，那很冷，他常年只穿一件单衣，活到九十多岁，但是现在的峨眉山关于他的记载几乎没有。朱清时教授通过各种方式寻找，接触到一位九十几岁的还俗的老先生，当年做过传钵老和尚的侍者，跟朱教授描述那一代真正的身心合一、身心健康的修行者的样子。

你可以想象，一个人在金顶上修行，蛇虫老鼠包括各种大小的动物，看见他的时候都不会伤害他，说明什么？我猜想他们已经拥有一种和动物交流的心心相印的方法。可能，我只能说可能任何生物在非语言的底层即灵性层面是相通的。当一个人到一定的境界的时候，人畜无害，所以他不危害别人，别人也不危害他。而且他好像吃得很少，完全不遵守能量守恒定律。他所吃下去的东西完全不足以维持他日常身体的消耗，但是好像他也活得很长。包括我的道家老师张至顺道长，我亲眼目睹他经常一天吃很少很少的东西，但是人家在终南山上连走八个小时都不停下来的。有一次他带着油麻菜与他一起去爬山，其他人都累得走不动了，老先生也没有停下来，也没有走很快，只是幽幽地说：你们就是背得太多，心里面装的东西也太多。

7.56

我见过几位这样的长者，九十五岁以上的长者，以我自己的观察和听他们的讲述，我相信一个人把自己的身心安顿在一个合适的位置，世界观真正通达的时候，是没有气脉阻塞的。所以为什么在佛教里面有一位药师琉璃光如来，琉璃光的意思就是心中无结，遍体通透，一个结都没有。我们生起一次“贪嗔痴”，就会让一小组的细胞不那么自在地开合，就为之气结。时间长了，一结一结串着结就形成了患。所以佛家的修行法门，我想可能是基于这样的一种理解而来的。

而儒释道三家，最后其实也在相互借鉴，你可以在中国的佛教界里面看到某一种受到道家和儒家思想影响的影子，反过来也是一样。中国文化的儒释道三家合流的特征还是很明显的。但是无论如何，以我个人的观察，一个好人未必能够长寿，但是能活过一百岁的人都不会太坏，它是必要条件，不是充分条件。“仁者寿”，这句话是有道理的。你再想想国外的特蕾莎修女，都是一样的。

7.57

儒释道三家的生命观在表达方法上有些许不同，但是我个人认为内理是一样的，而且对于自己的内在生命都是非常珍惜的。佛家的人也讲人身难得，都是非常珍惜这个身体的，而且非常珍惜身体里面拖着身体的那个。禅宗有一个很著名的公案，叫做“拖死尸的是谁”。说我们的身体没有了生命这个东西之后，瞬间就变成一具尸体了，还是那一坨肉，还是那些骨头，还是那些精气血，但是为什么就不会想、不会动、不会吹牛了呢？是什么拖着这一具死尸走来走去呢？这是禅宗经常讨论也不断在追问的问题。我相信曾经在历史上有某部分人，他们以某种奇怪的方式，可能就是内观或者是以静虑的方式发现了这个生命的真相。

所以你再来看大学里面“知止而后能定，定而后能静，静而后能安，安而后能虑……”的时候，你才不得不说，其实他们的差别没有我们想象的那么大，他们说的是一回事。所以讲到这里就要问我们每一个人这个问题了，你是否安静地思考过一些什么特别重要的问题？我现在衡量一个人其中的一个标准，就是这哥们儿到底花了多少时间去问自己这一些可能已经没有意义的问题。而且我相信也许这一些问题的答案在未来五年就是人类最后的那一点价值。未来五年最后的价值就是这个东西，我们称之为意识的灵光，而且很可能它是独立于身体之外存在的。

7.58

生命是不生不灭不垢不净，但是它又有成住坏空。当它成住坏空以后，它又重新回到一个不垢不净的状态，它是分阶段的。这一段的因缘和合就结束了，重新再合成另外一段生命，又成住坏空，但是这个事情本身它只不过是一个又一个的现象。

生命是一个可以自我生长、自我修复、自我排异的一个物质能量信息的综合体，它在一个阶段里面，它有成住坏空的过程，但是站在佛教的角度来说，这每个成住坏空的过程都只是一个偶然的聚会，我们称之为“集”，苦集灭道的集，但是最终这些集都只是暂时的现象。就是佛教所说的无常，在最究竟层面上来说，它是不生不灭、不垢不净、不增不减的，它来自于宇宙本体，最终也会回归宇宙本体。对于我们个人来说，我们的生命体验是很短暂的，所以在一个很短暂的时间片断里面，我们就看到了生命力的增加和衰减。

7.59

举例来说，切尔诺贝利核电站现在是全球生态最好的地方，拥有最多的珍稀动物，空气最好；另外一个地方是朝鲜和韩国中间的那一部分，谁都不敢去的地方。核爆炸之后，人们匆忙地走了，走完了之后，甚至连那些下了一半的棋还放在那儿。经过短短二三十年的时间，狗变成了野狗甚至变成了“狼”，鸡变得会飞了，鱼变得非常的自由和欢快，大地上的一切生机勃勃。那里又回到了生命的本来状态。

所以地球根本不怕人类折腾，对于地球这么大的体量来说，你们这一点糟蹋根本就不会怎么样，无非是把自己作死而已。三五十年之后，一切生机勃勃的各种物种都会重新回来。地球不需要人，是人需要地球。水不需要人，是人需要水。它是了了分明、如如不动的。我们觉得天天折腾得这么大，那是在我们很短暂的生命周期里以我们很窄的世界观看，才觉得这是一个很大的折腾。对于一个巨大的体量来说，对于地球来说都毫无意义，放在银河系里、放在宇宙里来说就更没有意义了。

所谓生命的不生不灭是佛陀站在宇宙的层面上看的，我们现在说生命的成住坏空是我们站在我们自己这几十年的时间假象里面看到的。时间本来是一个假象。

7.60

如果看到此处，你已经觉得错漏百出，全部都是可以被拿来批判的了，我觉得这是一个好事。因为我曾经听说过一句话：一切严丝合缝的道理都因为它太严丝合缝而背离了事情的本相。就像有一个人在你面前从来没有犯过错误，你难道不觉得他有问题吗？以前有一部电视剧王志文主演的，叫《无悔追踪》，讲的是一个被国民党遗留在大陆的特务，特别聪明。一个共产党员知道他就是特务，但是没有证据，扮演这个国民党特务的王志文由于在解放以后失去了和他的组织的联系，也没有办法做特务该做的事情。但是他知道有人在盯着他，所以他就非常小心翼翼地成为了一个没有任何错误的好人，而盯着他的那个派出所的干警，由于天天盯着他既没有意识到时代的变化，也没有意识到外面的风险，后来被屡次打倒。这个电视剧的结尾是这样的，“王志文”由于是一个受人尊敬的老师而成为了一个人大代表，而那个要抓他的、一辈子盯着他的警察饱受摧残。

这个故事特别有意思。每次我想到这个故事，都对那些貌似非常完美的解释和非常完美的体系保持一种习惯性的怀疑，而对那些总是犯错的人持以某种同情，一种感同身受的同情。因为我就是那一个人，我就是那一个总是被人攻击的公安干警。

7.61

尽管佛家讲不生不灭不垢不净，由于我们受到自己的时空和业力所限，所以我们仍然活在一定的范围里面，对于这个范围而言，生命力是有成住坏空的。所以道家讲节用，如果你能超越这一范畴，就叫“跳出三界外，不在五行中”了，就没有节用不节用这回事了。

儒家讲的忠己恕人就是说我们尽量地理解、宽容别人做得不好的地方，但是一定要知道自己的使命和责任，要忠于自己的使命和责任，让自己成为一个对社会有所承担的人。

当然每个人的力量都可能是很有限的，但是当一个人有这个愿望，他可以影响两个人，两个人可以影响四个人，四个人影响八个人，在一个社交如此广泛的时代，我们看到了一种力量正在崛起。比如说我们目睹了许多所谓的公益慈善组织让我们不再相信道德和良知，不再相信慈善，但是随着各种更透明的非营利组织的涌现，你发现他们在重构人们对于良心的信心，对于环保的信心，对于慈善的信心。这恰好是我看到的一种希望。

7.62

以前很长的一段时间里面，我特别地崇尚老庄的无为，但是后来发现其实是因为自己的懒惰和不负责任，然后借用老庄的词来包裹自己的无能，其实就是逃避。反倒是过了四十岁以后，我发现我生起了一种新的自主意识，我觉得可能这和一件事情有关，那就是我有了自己的孩子。我是早婚晚育的人，按道理说我儿子早十年就应该出生了，但由于种种因缘我的孩子现在才五六岁。这几年，伴随他成长的过程里面，包括自己创业，带着一帮九零后的小朋友一起在做事情，我觉得我才开始重新像一个古代的君子那样去理解原来人生的立定志向对于你的生命力来说是有很大帮助的。这一点是很让我感到诧异的。还是那一句话，一个人想活得长，首先是特别想活得长，你没有这样的一个决心，很难做成事，也很难有一个定力。

7.63

所以生命是什么？生命就是在无序之中你没有掺杂的决定，那是你自己的事。你只是觉得这样做有某种利益，它会让你转念之间就不一样了。最近有一个电影《西游记之三打白骨精》，郭富城演孙悟空，冯邵峰演唐僧，巩俐演白骨精。孙悟空每次火眼金睛都能够看到白骨而识破白骨精，所以每次都要打她，而唐僧是看不见的。打完了之后孙悟空就会被念咒，被赶跑，他就很委屈，他就问观音姐姐：你让我保护师父去西天取经，为什么我看见她是妖怪，打死了她，还要受到惩罚？小的时候我也不理解这件事情，在这部电影里面，唐僧说：你是用眼睛在看，我是用心在看。她是不是坏人不重要，是我要度她，我要把她变成一个好人。连白骨精自己都说：我不想被你度。你不用度我。唐僧说：我这一辈子度不了你，我下一辈子还要来度你，死活要度你。白骨精说：求求你，我就想做妖怪。唐僧说：我就要让你成为一个好人，我就要超度你，让你脱离这个庸俗低级的妖怪境界。最后他赢了。

很多人都说这一部片子没有什么深刻含义，我觉得是不是我高级起来了，我真的觉得我看到了它的深刻含义。就是你看到的也是假的，但只要你愿意相信，你就可以把假变成真。以前我也会像很多人一样嘲笑儒家，认为他们很迂腐，认为他们很傻很天真，而且被权贵利用，奴役人民。后来发现是因为自己根本没有读过，自己境界没有上来。随着自己做事情，我愈发觉得儒家的心法才是支撑我们在这样一个根本不确定的年代生活的最重要的事情。

世界已然不确定了，它可以幻化成任何一个象，就像一个等离子电视上面的横的几十万个点、竖的几十万个点一样，任何一个点的组合都会幻化出唐僧和白骨精，可以幻化出更美好的明天和更坏的明天。是什么让我们看见一个好，让我们看见一个坏？

7.64

我小时候看到的天秤座、射手座就是把那几颗不相关的星连在一起，这就是一个天秤，这就是一个射手，我就不理解，为什么这几颗天秤的星不能联系成一个射手。后来发现，这其实是不重要的。所以生命就是这样的一种自以为是的天真，你就这样坚持了，你相信了。如果你一个人相信了，你就会信到能够拖下另外一个人相信，两个人就会再去影响第三个人，世界就会改变，就会产生现实扭曲立场。很多人说乔布斯就有这种能力，他说手机就应该做成这个样子，除了黑色和白色、灰色，其他颜色都是丑恶的，那些苹果的粉丝就认为世界就是这样的。所以后来库克再去做各种手机的时候，大家就觉得不是苹果了。其实谁说一定手机就只能黑白灰呢，他就有这种能力。最怕的是大家一致地相信，当所有的人都一致地相信的时候，那世界就是这样。所以许许多多我们以为的事情，只要你不这样以为了，世界就不一样。这件事情很可怕，我后来发现了一件很有趣的事情，就是当一个人世界观变了之后，他的样子都会变。

我认为生命不仅仅是一场无意义的偶合，有些时候就是有某种人们的主观意识的参与。有一个特别震撼我的数据，那就是宇宙大爆炸的速度是既不快又不慢，速度太快，就会导致灰飞烟灭；太慢，就可能成为一坨面目狰狞的糨糊，而是刚刚好才造就了今天这个人类。这个速度的准确度达到多少呢？大概是十的五十五次方分之一，而你要在宇宙的一端拿一支枪打宇宙另外一端的一只苍蝇（约需三百亿光年），后者的准确度需要的是十的三十次方分之一。宇宙大爆炸的发展，既不慢也不快刚刚好这个概率，是十的五十五次方分之一的概率。这个概率是非常非常小的，很可能我们今天看到的这个世界，就是我们共同意志的一个投射。这被称为“人择原理”。

7.65

总讲中国梦，有一些人不理解。我个人的理解，人就是需要有梦，因为世界本来就是一个假象。我们看到的一切都是我们心思的投影，就像我们在梦境里面看到的那一切是我们的潜意识的投影一样。

如果我们没有一个共同的梦想，那么这一群人就不能够采取共同的行动，就会互相损耗。如果我们不能保有一个共同的美好的梦想，而只是对未来的一个更差的预期的话，我们的所有行为就会体现为如何躲避更差，而不是去表现为如何创造更好，一念成佛，一念成魔。所以我认为我们现在这个时代特别需要一个中国人的共同愿景。

我在想，如果世界是一个巨大的物联网，甚至是一个心联网，甚至是一个频率共联网，那么越是在纷杂的时候，越是需要那种清晰而坚定的单一主张来形成合力，也就会越有生命力。

许多人会问，万一你定的这个东西是错的呢，那不就错的很远了吗？我以前也这样担心。现在发现无论你怎么定都可能是错的，错不重要，重要的是不乱。错不可怕，乱才可怕。就像在湖中间有一艘船，我们已经都在船上了，如果每个人都朝着一个自己觉得对的方向去划船，最后全部人都会饿死。如果我们朝一个方向划，哪怕这个方向可能是离岸比较远的，但是还是有机会到彼岸。

7.66

生机是什么？生机是树苗推破土壤、克服地心引力、一直往上冲的这股力量，这是一棵树的生机。我们小的时候有生机，就是从一个小孩不断地长大，不断地把周围跟自己看似没有关系的、不属于你的东西变成属于你的东西并为你所用的一个过程。那是谁在托着这个身体在走，谁在负责把他们整合到一起，捏到一起，就是你的生命力，也就是生机。

生机是让你的自由意志和你的生命本能变成是一件事情，合一的状态，就是不二的状态。处处见生机就是说最终要用自己的自由意志和你种种的对自己生命道路的分析感知，寻找到一条中间道路，哪怕这一条道路非常窄，这一条很窄的路叫无厚。庖丁解牛里面说过这一件事情，“以无厚入有间”。后来我理解，我们的生命是什么呢，我们的生命是那把刀，他反复讲怎么样让一把刀用了二十年不受损，那个牛就是一个巨大的世界，就是大象无形，它充满了阻力。我们自己要成为一把刀，一把很锋利的但是又很窄的刀，为什么窄呢？因为我们想做的和自己能做的，最后筛出来的那个生命的那条路其实是很小很小的，这个叫无厚。这个刀很薄，以无厚入有间，这个“间”就是在生命的缝隙当中推动，遇到困难也要动，但是不乱动，就等，就慢慢地寻找，寻找到那个缝再往前推，最后能够不费力地把事干成。

不管你是迈左脚，还是迈右脚，目的不是迈脚，往前走才是最终的目的。

7.67

我自己每天在家里拜文殊菩萨，文殊菩萨是开智慧的，某种程度上我们拜，是在做一个仪式，这个仪式是一个行为艺术，这个行为艺术在干什么呢，是告诉我们自己，让自己有智慧处理好业力和愿力的冲突，可以让自己善巧方便地推动自己的生命朝着一个更有效、更有序、更有趣、更高层次的方向上发展，你找到这个方法，然后用各种善巧方便帮助其他人也找到这样的方法，让不开心的可以变得开心，让活不久的可以活得久，不愿意活的可以愿意活，不愿意学的愿意学，不愿意爱的愿意爱，这就叫开智慧。这个东西其实完全是有方法可循的，而且是有心法可依的，也是有说法可溯的。

但是在此之前你必须决定你要成为这样的人，你一旦决定之后，这个世界就变了。这就是生命，处处见生机就是说你是不是随时地让你这一股的生命力回来，回到你的中道上。那个中道就是你经过生命的磨合、判断之后找到的这一条道路。

所以我为什么现在越来越想把这一本书出来呢，是因为之前我不知道为什么自己要出这一本书，现在我发现它其实可能对我的生命来说是非常重要的一个描述，就是它帮助我在跟立品合作做这一本书的过程当中，梳理清楚了我一直以来都没有真正理清的一件事情，就是对于一个自由散漫的从射手座切向处女座的人生来说，我该怎么办，我背后站着一个四川家庭和一个广东家庭，四川人的懒散舒服和广东人的务实、重商主义、实用主义，这两者其实一直在我这纠缠，受它的牵扯，什么叫做“修齐治平”？修身就是修到把这两股力量合成一个。其实我们每个人身体里面住着一个爸爸和一个妈妈，是谁在协调他们两个的关系呢？是谁把他们捏到一块，变成和而不同的呢？但一个生命一旦形成之后，就变成了一种共同意志，这个共同意志就具有很强的适应性，也有很强的自由生长性，它就像一个公司里面很多的联合创始人，经过了四五年的打拼、磨合、争斗、分歧、妥协，最后找到一个既属于他们又高于他们的一种共同理想，这种共同理想是可以消除彼此之间的分歧，推动这个组织的进步。国家也是需要这样碰撞之后，找到一条这样的道路。个人、组织和国家，甚至到地球的生态都是这样。

附　录

生命力的见证：梁冬拜见过的特别有趣的老先生

8.1

我非常幸运，在生命中碰到几位恩师，都对我影响很大。其中有的老师已经走了，以后的人都没机会见到他们了，就是同时代的人大部分也没见过他们。在这里，我想借由我的讲述，让大家认识他们，曾经有这样的一些人在这片土地上生活过，还离我们这么近。

其中本焕长老、张至顺道长和邓铁涛邓老，都是特别典型的。

首先我想讲讲本焕长老。若干年之前有一个很有意思的机缘，我到深圳弘法寺，当时有机会和本焕长老、印顺师（现在弘法寺的方丈），一起吃斋饭。都是很平常的，吃吃芽菜，吃吃豆角，关键是很好吃，他并没有把素菜做成各种素鸭素鹅、素的水煮鱼什么的，就是特别简单的炒青菜，但是很好吃。吃完饭以后，我和印顺师在院子里散步看星星，突然一个侍者说本焕长老让您过去，我很高兴。然后进去见到老和尚坐在禅堂里面，我就跪下了，你面对一个一百多岁的老先生，这么慈悲地看着你，你很难不跪在那儿。我觉得自己就像一个孙子辈的小朋友见到长辈一样，就跪在那儿，他就伸出手来，我以为他要对我进行灌顶，当时我激动万分，赶紧把头伸过去，觉得自己快要打通了。他摸着我的头说：发财，发财，发大财。

我当时就觉得为什么是这一句话，为什么不是各种“嗡阿吽”呢？后来出来，我就一直想，当时正好一抬头看到普贤菩萨十大愿望，其中有一个愿望叫做“随喜功德”，我就突然明白了，什么叫“德”？就是让别人得到他想得到的东西就叫“德”。发财并不是一件罪恶的事，你用罪恶的方式发财才是罪恶的。你为什么不能接受并且承认，大声响亮地说我很想发财呢，人家老和尚一眼就看穿了你的想法。于是他就祝你发财发财发大财，难道这不正是你想要的吗？

真正的慈悲是不抗拒你内在现在这个阶段的诉求，哪怕这个诉求你未来会觉得很幼稚很愚蠢，一个有慈悲心的人他不会因为你现在还很低级，就在你面前显得很高级。他只会用最恰当、最合适的方法帮助你，或许他帮助我们，或者是祝福我们发大财之后，又会有另外一个生命的角色会告诉你说，把你发来的大财都拿来去做更大的善事，那不是很好吗？后来本焕长老过世的时候，深圳几万人去送他，为他磕头，你就知道他都做了什么。一个人所谓的成功就是在你的葬礼上有多少人不请自来。这些远道而来的陌生人是被一种什么样的力量感召而来的呢？

印顺大和尚跟我说，当年本焕长老在广州光孝寺的时候，有一天见到了一位从终南山来的僧人，这个僧人捧着一本用鲜血抄的经说：“我为送经书而来的。”老和尚问：“你怎么会有这本经书的？”原来这本经书是当年老和尚在抗战时期为了给苍生祈福，刺舌血指血抄的经。

8.2

我接触的另外一位老人就是张至顺道长。张道长在终南山修行八十年，他曾经悄悄地告诉我（我也不知道是真的还是假的，反正他这么说），他说他在二三十岁的时候，山里面就有两个老和尚跟他讲未来大致这个国家会发生什么情况，所以他早早就在山里面修行，八九十岁才出山。

有一次我陪老道长去见一个北京很著名的修行人。当时北京的冬天很冷，停车场离他们家还挺远，下了车，老道长就走，大家陪着他一起走。当时那个修行人九十多岁，躺在床上，快不行了，已经有一点神志不清了，但也算是不错。老道长回来之后，就跟我们说："我就说他可能方法不对，才九十几岁就躺在床上了。"这就是细节，在现场跟我讲的，我觉得太牛了。老道长经常说：你们这些人太可怜了，白天要做事，晚上要做梦。

然后偶尔他高兴的时候，会喊我去说话。我记不清是2012年还是2013年春节左右，他突然给我打电话让我去他的道观找他，我早早就到了。到了之后，他就安排我睡下，第二天早上起来说："吃饭吃饭。"我就跟他吃，也没说话。他说："睡觉睡觉。"我就睡一个午觉，到下午四五点钟的时候，我悄悄地跑过去，到师父的门口看，发现他坐在阳光下打坐，那个禅定工夫啊，他就是没有摆特别奇怪的pose，什么双盘啊什么的都没有，就是简单地随意地坐在那里，但是腰杆挺得笔直，一动不动。我观察到一个细节，足足半个小时他纹丝不动，就定在那个地方，一点儿都没有动。油麻菜当年还拍过一个照片，晚上拍的。长时间曝光，晚上开始一直到第二天早上凌晨，他的脸是非常清楚的，只有一动不动才能保持长期曝光得很清楚，而天上的星星已经走了一大段路了。你就会觉得那一刻时间就像停止一样，我就看着他，泪如雨下。

其实他一直就知道我在的，过了一会儿，拉我到旁边，我记得他当时坐在一个木条凳子上，就拉着跟我讲：气体源流，气从哪里进哪里出，他认为的元神是在什么地方，呼吸和观想的方法是什么。对于我这个人具体而言，在什么时间点做这个功课是最合适的。关于后面这个，他对每个学生讲的都不一样的。当时我大概每听三句话就给他磕个头，他说“起来起来”，就把我拉起来又跟我说。又说几句，我又磕头，那一次大概磕了七八十个头。张道长每次看见我就说：你挣钱永远挣不过李嘉诚的，别挣钱了，赶紧吧。我说：赶紧什么？他说：你知道的。

8.3

另外一个可爱的老先生就是邓铁涛邓老，邓老也是一个非常有意思的人。他是有担当的，他更偏向儒家，每次当中医药行业出现大的危难的时候，他会挺身而出，比如说“非典”时期如何用中药的方法去治疗疾病。后来事实证明在以他主导的广东省中医院和广东中医药附属大学，用中医的方法治疗“非典”是零死亡率、零转出率，不能说快死了，把他转出去，就是零死亡率，而是零转出率。这是一个很难得的成绩，而且没有副作用。

2016 年过年的时候我去看他，我们去的时候，正好有他的两个学生，刚刚跟他谈完话准备走，他指着一个学生跟我说：这个人现在研究抗衰老。他的这个学生其实已经八十五了，我当时看到的这个人长得跟五十多岁一样，满头黑发。邓老说：这是我的学生，我在七十年代的时候自己带的小学生。当一个人指着一个八十五岁的人说这个人是我的学生的时候，你就知道什么叫做“仁者寿”了。

8.4

还有两个老先生，虽然没有活到九十，但是也是属于长寿的。其中一个是郭生白郭老，郭老是太勇猛了，八十几岁的老先生了，站在讲台上一讲话讲八个小时，不用话筒，气如洪钟。他是一个老愤青，八十多岁的时候还在讲课，讲对于疾病的一些看法，在讲堂上讲话用力很猛。

我当年拜郭老为师的时候，磕完头，他把我拉到一个房间聊天。他问我：“你想问什么问题吧？”我说：“到底生命是什么？”他说：“你看张飞张翼德，翼的德就是飞。翼就是翅膀，翅膀的功能就是飞。刘备刘玄德，玄德的意思就是黑色的德，就是收纳，是为了备。”我说：“然后呢？”老先生说：“就是你要有所能，你要有能，你要做功。”功是什么？简单地说“功”就是能够带来“位移”，物理学里面讲的功等于力乘以位移，并且那个位还朝着你的力的方向，所以所谓功就是你希望他去哪儿，你能把他推动到哪儿，那就叫功。你想摸一筒就摸到了一个一筒，这句话是同一个世界同一个梦想化出来的。同一个世界同一个梦想，反过来念就是“想摸个一筒就是个一筒”，就是你能让这个事情朝着你预期的方向推动，这个就叫功。你能够让别人得到他想得到的东西，这就叫德。你通过让别人得到他想得到的东西，然后推动大家走向你想推动的方向，这个叫做功德。那么道呢？道就是走过的那条路，最简单的路，最方便的路，最直接的路。那条路叫道。

我认为师父不光是讲大道理的，还是讲生命解决方案的，书里讲的都是大的，小的都是磕头才讲的。于是我说："来一点实际的，师父，你给我讲讲女人到底是什么？"师父老泪纵横，他给我讲了一个故事，这个故事我相信师父是愿意让我讲出来的。

他说：当年我们拜把子兄弟九个人，我排行老六，老五死了，然后大哥、二哥他们坐下来商量，到底怎么办。老五死了以后，嫂子怎么办？就看兄弟里面只有我还没有结婚，说老六，要不然你跟嫂子过吧。当时老大还问：你喜欢吗？他说：挺好的，嫂子挺漂亮的，人挺好，性格也温和。但是不知道嫂子愿不愿意？在万恶的旧社会一个女人也不容易，于是就去问嫂子愿意不愿意，嫂子也愿意。结果就说，那好办，大哥做主，大家拜把子兄弟，老六，你就跟老五的老婆一块过吧，你把她娶了，你得给人家一个名分，不能这么过，得给人家一个名分的。郭老说："我回家思前想后，觉得不能对不起哥。"就跟嫂子说："嫂子，这样吧，这一辈子有我一口干饭，就绝不让你喝粥，但是我不能对不起哥。"第二天嫂子悬梁自尽。老先生在那儿哭，我也不知说什么。等郭老的情绪平复下来，我问："那您怎么看这件事？"他说："你得问自己，当时喜欢不喜欢嫂子，如果嫂子喜欢你，你又喜欢嫂子，你当时拒绝，你是真的怕对不起哥，还是怕别人说呢。其实是怕别人说。"他说："人要活在一个真实的自我世界里面，没有真，会很可怜的。其实没有多少人最后关心你会怎么样，人家怎么说也不重要，重要的是当事人你们两个人，她喜欢你，你也喜欢她，她也能嫁，你也能娶，有什么不行呢？你非要最后搞到嫂子自尽，你遗憾终身，有什么意义呢。”我听完这个故事就觉得这个师父没白拜，师父把最真的东西告诉你了。

另外郭老还跟我讲了很多，后来我说：“师父，讲一点愉快的吧，别老那么惨。”郭老说：“我突然想起一件很愉快的事，有一年我被批斗，红卫兵拿那个带铁扣的皮鞭抽我。“啪”一下打得我满头是血，我那个时候因为被斗得很厉害，他们人很多很吵，很多人在批斗，把我按在那里，背上插着大牌子，戴着大高帽，前面还吊着一块大牌子，然后拿皮带抽。”他说：“我那个时候正在琢磨《伤寒杂病论》的辨证，就是在琢磨里面的一条经文。突然间，他打我那一下我明白了，原来是这个意思。斗完之后，人家也不是一天都斗的，斗完还得让你回家的，要不然谁管你吃饭。斗完下班回家，我三步并作两步，冲回家之后，就把那个东西写出来，一边写，一边乐。突然发现我老伴在后面哭。她说都啥时候了，你还写，还要不要命，血都还在流着呢。”师父说：“你们这种女人怎么知道明白一个真理之后的快乐。”

你跟老人聊天，他们就是有东西跟你讲，而且真的特别有意思。然后我问：“到底这个世界上有没有那种占卜特厉害的那种预测术什么的？”他说：“这个事你要知道，当年的老北京特别有意思，那时的天安门可不像现在这样，当年的天安门有很多棵树，那些树都是跟中山公园那些老的松柏是一起的，一直连着长到前门，所以那时的前门前面是一片森林你知道吗？大家在天安门那儿玩儿，那个时候我们的糖葫芦不是现在这么一串的，是一丈长的一个大签子，是一个一个大苹果蘸着的，很便宜，很好吃。当时你吃一个就摘一个下来。”他说：“每天我骑自行车，从前门骑到后海，在银行工作。当时在天安门有一个人算命特别厉害，报纸上经常出现他的名字，每天穿大皮袍子，一群人站在那儿坐在那儿先听他吹半个小时的牛，把当今国际形势、欧美法日德对中国的影响什么的，全讲完了之后，讲到高潮的时候就一群人挨个说，一人送三句话，你怎么样他怎么样，你老婆怎么样，你身体怎么样，都讲的很准，讲完之后大家随意给钱，给完钱之后，他就一包包起来，就去玩儿了。后来有一次我有一件事很困惑，就去问这个人该怎么样，后来我俩变成好朋友了。”

这个人就跟郭老说：其实所谓命理无非常情。你看人看得多了，你就知道这个人是一个好吃懒做的人，你告诉他，你再这么吃下去，一定坐吃山空准没错。你一看这个人精血亏损，就是不止有一个老婆的人，你告诉他外面那个搞不定了，他一定觉得你讲的特别对。一看这个人满脸横肉，皮肤又粗糙，眼露凶光，就知道这种人迟早在外面惹事，再加上他脚上有一些瘀血，膀子上有一些伤口，就知道肯定刚跟人家打过一次架，就说你这一架打得可不轻，如果你下次再这样打，可能会被打死。这些东西你稍微花一点心思，你先用国际形势这个大的东西一讲，让他觉得对你产生信赖之后，再把话讲得开放一点，每个人自己都会补充的。

你看到一个女的就说，你命不好，命运多舛，爱情不顺，她一定觉得你讲的太对了。我就没见过一个爱情顺的人。你看到一个男的，你就说，你有小人暗算，这个男的肯定觉得你讲的特别好，谁身边没几个小人呢。算命只不过是常识，再加上你自己的脑补就完了。所以你明白这个东西之后，就是君子不占。我不排除真有能够通达未来的人，我这些年接触了那么多星象命理大师，以我看来，其中大部分人是比别人更善于观察生活，更善于表达一个模棱两可的状况，并更善于激发人们自我脑补的意识。

8.5

另外一位我喜欢的老师就是李可老师，李老真是太可爱了。李老特别累，累到以前看病，整个中医院每天恨不得都是他一个人撑起来的，累到中午连饭都没得吃，就只能买雪糕吃。他说：好几年中午饭就是吃雪糕。我说：吃雪糕太伤阳气了。他说：总比没有吃的强。

刚开始做医生，尤其是在中国做一个大夫，实际上收入并不高，他以前一直都不是一个收入很高的人，最后那几年好一点。前一些年一直都是，虽然大量治病，但是以前大夫收费都低，在农村经常还贴钱，恨不得一年有半年的时间晚上十二点钟被人敲门敲醒之后翻山越岭走路去给别人治病。那个时候也没有什么交通工具，一个人晚上十二点钟来找你，肯定是要命的病，赶紧去。那个时候师母经常和他一起，去的时候背着米，有些人家里面连饭都没有，说那些人都不是看病，是快饿死的。李老就是带着师母给人家熬药，给人煮饭，看他吃好了之后才回来。就这样很多年，在山西那个地方。

我听李老说，有一次他看病累了之后，在街上逛，看见人家下棋，他就蹲在那儿看，就是两个人摆棋局。他说最大的快乐就是蹲在那里看人家下棋，看一个下午，也没说话，站起来就走了。就是这种救了无数人命的老先生，在他过世的时候，去了很多人，平均每个人磕了大概最少四五百个头。因为他们那有一套仪式，平均每个人整个仪式下来磕四百到五百个头。那是一种什么样的力量，让这么多的陌生人能磕几百个头？那个时候你就知道他所做的一切都被显现出来了。

8.6

我觉得我有幸在这些年，碰见过这些老先生，而且都拜他们为师，包括最近碰到的蔡志忠老师，都让我们看到了一种生命的快意恩仇，或者叫做快意慈悲，生命的快意慈悲。

蔡志忠老师提起当年他的好朋友古龙，那也是一个愉快的人，经常喝完酒之后第二天就没稿交。古龙那时候写书已经很赚钱了，他坐的车是加长版的豪华轿车，恨不得躺着就能从门里出来，他本来就矮。报社的人都追着他的故事，他今天写道："突然听见房上瓦一响。"下面的人说："谁？"就没了。第二天正在写的时候，他就喝醉了，就一天不接电话，一天不写稿子，于是就有一个编辑，就要把到底是谁（也不能说是谁，万一他明天真有一个谁呢）用足足一天的版面，来把"谁"下面的人干什么事情，当时说了什么给填满，用意识流的写法写满之后，让他第二天继续说"谁"。他说这就是那个时候的人，那时候稿费很贵，读者意见也很大，追捧也很厉害，但是他不会被读者绑架，他不会被编辑绑架，也不会被自己的工作绑架，喝醉酒之后你爱找谁找谁，你爱怎么写怎么写，第二天继续写，一点不生气。后来有一个记者去采访他，古龙就像木子美一样说："你采访我要条件的，你采访我要喝酒。"那个年轻人就说："喝。"古龙就拿了两个脸盆过来，一人倒了一脸盆白酒，两个人喝下去之后，当场就晕厥了，都睡了五六天才睡醒。

蔡老师曾经说过：许多人都以为生命很长，其实生命很短暂。要制心一处，臻于至善。

蔡志忠老师跟我说，我一想到我跟这些人混，可能活不长，赶紧走。他就离开台湾了。他跟我说，你都不知道那个时候台湾七八十年代的那些人，有金庸，有林青霞，有邓丽君，有古龙，有三毛，有李敖。你都不能想象区区台北市几百万人口，就是你走到任何一个饭馆都能碰到这些人，他们也就在那几个出名的饭馆。你现在听起来就觉得像一个遥远的魏晋时代的那种快乐。他说也就是在七八十年代，这些人都还在，而像这样的人现在在哪里?

我讲这些故事都是讲生命里面的生机，都是一直在的，就是中国人骨子里有一些东西被这几年的通货膨胀，被各种有毒食品吃傻了，被各种塑料吃傻了，被各种食物添加剂吃傻了，但是其实中国人骨子里是有一种东西的，人人是孔子，是孟子，是庄子，是释迦牟尼，是慧能，是岳飞，他们都在，他们幻化成一个时期的各种精神的气象，我相信他们没有消失，他们还是在我们这里。如果你读到我以上讲的这些东西，感到了一种冲动，说明它在你的身体里面。就是野火烧不尽，吹风吹又生。三五十年、七八十年弹指一挥间，中国人最后还是会变成那个样子，就是那种气象。

8.7

我还想讲讲巴菲特。

我非常喜欢巴菲特，他是一个很有趣的人。我研究他是有原因的，那就是在这个世界上，他的确是我知道的靠自己的努力而且不是很累地挣到了很多钱的人。我曾经看过一个纪录片，巴菲特和比尔·盖茨一起去一个大学演讲，比尔·盖茨那个时候还是微软的总裁。巴菲特的行程被排得满满的，他的秘书每天给他把时间安排成每半个小时一段，甚至十五分钟一段。当时的巴菲特就掏出一个手写的笔记本，说我未来五年的时间都在这个上面，也没有几个字。他生活在一个很小的城市，大概整个公司才二三十个人。我那个时候一下就觉得巴菲特是一个很有趣的人。后来我发现他之所以能成为一个非常成功的投资家，很重要的原因是他一直恪守着他的原则，他在很年轻的时候就选择了一样东西，就是如果这个不符合他的价值观，再多钱，他也不投，这一件事情很有意思。包括我读巴菲特的传记，我就觉得这个人真是很可爱。他很坚持他自己的生活方式，他也不太受别人的影响，他也不觉得奢侈的生活是很有价值的。

于是后来我为了亲近他，就去买了他的一些股票，参加了他的股东大会。我也买不了多少，买几股就可以参加。我下了飞机到达的那个地方相当于中国的遵义，那个城市也就有几万人口，只有一个体育场，然后我就打车，跟出租车司机说我去巴菲特家，出租车司机说没问题，然后很快就开到门口了。他们家的房子很普通，也没有围墙，就是恨不得随便谁走过去一开门就能进去见到他。当时正好是美国 2007 年、2008 年金融危机的时候，我清楚地记得，他们家隔壁的房子跟他那儿隔着五米不到的一栋别墅售价是 22 万美元。

他那天在家，不断有来自世界各地的人来。然后来一个人好像是美国人，我就问他：“你确定这是巴菲特的家？”他说：“是的，我确定。谷歌地图上标着呢。”他说：“你看这棵树在这儿。”我看了之后确定，这个的确是巴菲特家。

那天我坐在他家门口，正好旁边来了一个人跟我们聊天，那个人据他说他跟巴菲特的女儿是一个小学同年级的。但是他们都是走读，都是邻居，所以都知道。那个人开玩笑说巴菲特的女儿长期以为他爹是吃社保的，因为他们坐的餐桌边的皮椅是破了一个洞的，他的衣服也是有破洞的，然后他经常不去上班，一天一天地在家里面，在一个幽暗的灯光下看一些旧的东西，也不知道他有多少钱，反正美国人没钱的人家也住那样的房子，有钱没钱都是吃汉堡。

在那一刹那我就在想，这也太有意思了，我想跟这个人握一下手就行了。结果有意思的是，我们去参加他的股东大会之后，就有一个投资银行的朋友问我，他说：“你想不想去见巴菲特？”我想真是念力不可违。于是就安排我们一组人跟他合影签名，我当时就拿着自己的护照，把护照给他，他就签在上面了。特别好玩，当时是因为我手边什么纸也没有，就兜里揣了一本护照，于是就在我的护照上写了“Warren Buffett”，然后特别诚恳地握了握手。后来我发现这本护照太有用了，就是第二次去办美国签证的时候，看到巴菲特的签名，马上就给你过。

我后来看了很多他的故事，比如说他打死不跟他老婆离婚，其实他跟他老婆已经分开很久了，他老婆喜欢文艺生活，经常去当地的酒吧里面唱歌。世界首富的老婆到酒吧里面唱歌给别人听，也挺有意思的。他们也不离婚，后来两个人就达成某种很奇怪的默契，重要的时刻都是跟老婆在一起，其他时候他的老婆介绍一个好朋友，他跟那个好朋友生活在一起。人家问他为什么不离婚，他说："我可不跟我老婆离婚，她太有钱了。"

我常常翻看巴菲特的传记，他是一个特别恪守自己投资原则的人。他特别反对暴利，如果一个公司突然利润很高的话，他觉得并不是一件很安全的事情，而且他有一句名言，投资就像长跑一样，关键不是跑得快，而是别人都退出了，都跑不动了，你还在一直跑，而且很可能是没有终点的。你好不容易发现一个好公司，你为什么卖掉它呢？他肯定是长期持有的。

在过去的几年，我们是有机会参与到整个中国互联网的大潮的，我们对这些好的公司比如腾讯、百度包括其他公司的业务非常了解，但是总的回报来说，我在巴菲特的这一只股票上的回报是最高的。原因是我从来就没有想过要卖它，我买它的时候就没有想过我有一天会卖它。因为第一也没有花太多钱；第二他也不会垮，因为他已经分散到很多大的公司里面去了；第三我买它的时候就希望自己和巴菲特建立一种连接，所以经过七年八年跑下来，我发现手里面这个仓位反而是回报最好的，年平均收益还超过18%。

这个故事让我相信：如果你决定并且坚持了，它就会把你的业力和愿力和合，时间长了，业力也会随着你的愿力而转变。

8.8

我再讲讲南怀瑾南老的故事。有一天晚上从百度工作出来后，我就到李可李老那边陪他打麻将。李老抽烟出门永远不带火的，带了两到三盒中华烟就出去了，点着了之后就一直到回家，就像他长在一根烟上面一样，烟是不断的。我们就一边抽烟，一边搓麻将。

你们可以想象在山西的一个宾馆陪他打一天麻将，包括他的其他几个弟子。那时候我不懂，也不知道怎么去提问，也不知道怎么套老师的话，那几个师兄弟，已经入门了，就特别地想问：这个病怎么看，那个病怎么看？李老说得很兴奋，他们就如获至宝地记。对于我来说，我都不知道他们在说什么。

然后李老就跟我讲，他有一次帮南老摸脉的体验。李老说南老的脉象是很奇特的，一看这个人就是非同凡人。他当时说了一句话：按道理说这种脉象的人是不会死的。我说是不是有点夸张，他说当然是有一点夸张，但的确是一种奇怪的脉象。然后李老给我讲了一些他跟南老聊的一些比较私人的很微细的话题，我那个时候就有一个念头，我说如果能有机会向南老学习就好了。结果李老就说，要不然你就去找南老吧。我说那当然好了，他就给我写了一个纸条，找南老身边的一个弟子，说正好南老在太湖大学堂讲庄子和黄帝内经。于是我们就像小学生一样屁颠屁颠就去了。

去了之后，当时坐在正中间第一排的就是朱清时教授，他是我很崇拜的中科院院士，著名物理学家，跟霍金对话的，现在来学习中医禅定。当时我看到朱老师就想，如果有一天我能够向他请教物理学和禅定的关系，那是多么有意思的事情。结果，也得偿所愿。后面细说。

我记得南老讲庄子和黄帝内经讲得深一脚浅一脚的。坦白说我当时还有一点失望，我觉得你讲的说深也不是很深，说浅也不是很浅，就是那个状态。结果南老很敏感，讲了几天之后，他突然有一天拍着腿说：“不给你们讲了，你们这一班人太参差不齐了，我稍微说深一点，浅的人一脸茫然；稍微浅一点，深的人一脸不耐烦，我没法讲了。你们这个班太奇怪了，又是临时拼凑的，各色人等、各种社会闲杂。”可能当时在场的我就是最浅的，看见我们的那个神情，他后来就说算了算了，你们自己学习吧，念书吧，就走了。

我当时觉得太湖大学堂是很美的地方。因为那个时候穿长衫的人已经很少了，我们见到一个非常仙风道骨的人这么得体地穿着一件蓝色的长衫出来，那么有古风。你不用听他讲什么，你看一眼，就已经感觉到那种美好。就是大学里面讲的君子，就像玉石一样，磨砺过的玉石。就像那个料峭的竹子，他站在风中，你可以远远地感受到，一切被他融化的那种君子之象，很干净利落，说话很幽默，很智慧，很自信，就这样的一个君子的样子。

8.9

此事过后，我一直有一个愿望，那就是采访朱清时教授。于是有一天有一位叫敏华的慈善人士跟我说，我们有一笔基金想赞助你做一个公益的采访，就只做这种事情。我说我想采访朱清时教授，但是联系不上。结果那个资助我的人说我们来帮你联系，他们就去找朱老师，我们就做了一个采访，非常愉快。

最近这一次答应给我们做两天的讲话，我就带着一帮学生去听，他说其实我就想讲给梁冬听，系统地讲一遍到底量子物理学是如何一层一层推出来禅定和色空之间的关系的。

我那时候觉得生命真的是不可思议，你发一个愿，有了一个种子，后来就发芽了。

我就觉得人生就怕发愿，你的愿力一旦形成，你只要很清楚地持之以恒地每天努力，不急不躁，几年之后大致都可以形成。

这本书也是这样。我当年看克里希那穆提的作品的时候就注意到立品，就发现立品图书这个机构很有意思。那时候我还不认识黄老师，后来是我有一个朋友那时候跟立品在一个小区里面，经由他介绍，我去见了黄老师。到立品的小房间，黄老师在改稿子，那个时候立品有很多的想法，做各种工作坊，衍生出其他的很多产品。那个时候我就想，以后要是我高级到可以让立品出一本书就好了。

愿力，还是愿力。但是要看这个愿力是为谁，如果这个愿力只是为了自己，其实没有什么力量的，如果你的愿力只是为了做这一件事情，是为了能够不管是为了帮到别人从另外一个角度看世界，或者说你把你了解到的一些特别有意思的东西分享给大家，让大家获得哪怕片刻的快乐，只要是这样的愿望实现起来好像都很快。

而生机就是从心念的种子开始发芽，坚定你的意志之后，去和合你的种种业力和因缘，最后团结一切可以团结的力量，不怕牺牲，排除万难，就能干成。有一次北京大学的一个老师讲“中道”的时候，他说其实儒家的中道就是最终你发现世界没有什么东西可以借力，人生没有所谓借力的支撑点，一切的支撑只在自己的努力中。

对中医传承的几点思考

自 2007 年离开百度后，我就希望致力于中医文化的传播与推广，当我成为一个经营着数家中医诊所的创始人，有了大量的临床个案观察后，我发现我们中医界或是民间中医界的许多朋友，好像走入了误区。我想把我认识的这些误区呈现出来和大家沟通探讨，避免我们都有可能走向褊狭的道路。

思考一：中医要和科学对立吗？

在我最初开始学习中医时，不少中医界和爱好中医的朋友或多或少都认为中医更接近生命真相，而科学是机械的。所谓的现代科学、现代西医是机械化、片断地、非生命化地认识生命。

可是文字和概念将我们置入二元对立的世界里，难道讲中医就一定要反科学吗？讲科学就要反中医吗？我越来越坚定地认为，我们需要以更圆融的态度看待这个问题。

如果我们深入科学内部会发现，其实科学有两个很重要的精神：一个是自我的质疑；另一个是自我的进化。这两点是科学最本质的精神。

爱因斯坦的伟大在于某种程度上超越并且颠覆了牛顿的经典力学，即便如此，爱因斯坦仍说自己的科学是“短命”的科学，他终其一生都在试图超越并且颠覆他自己的思想，继他之后的量子物理学界也有许多科学家在做超越爱因斯坦的思考。

有很多中医界朋友被科学爱好者质疑时都愤愤不平，总认为科学爱好者是在挑剔、找碴。其实这是一个很大的误会，尊重科学或者是以科学为心理皈依的人，他质疑的不仅仅是中医，他们也质疑自己。从某种程度上来说，科学界也是不断被前面的科学家从质疑、否定到超越，以此来确定新的科学边界。

随着时间的推移，随着科学的发展，量子物理学也不断地在突破物质、能量和信息的边界，甚至突破有和无的边界；大数据时代基于去中心化的模式为人们的生活带来巨大的改变，所以科学思维的自我质疑和自我进化，可能会带来一种结果：我相信会在未来的某个地方，东西方文明、科学和传统、西医和中医有一种全新的对话的可能和空间。

曾经有位朋友对我说：特别害怕中医界固步自封，把科学拒之于千里之外。

熊猫是你的，功夫是你的，功夫熊猫却可能是别人的。如果有一天，中医界把自己封闭在科学之外，我们有朝一日可能会发现一位来自德国、瑞士或者是来自美国硅谷的朋友，用他们更结构化、数据化的思考方式来找到中医思维模式的对接口，这时可能会产生一个巨大的影响：以前无法言说的东西，突然有一天能说清楚了；以前不能复制的东西突然可以复制了；以前不能标准化的东西突然有一天可以标准化了。那时中医与科学的对话就已经形成。

等到那时我们再回过头看，今天科学与中医在概念上的对立，就会觉得是一件非常可笑的事情。

所以我们不能把中医与科学对立。在之前的文章里，我曾经对科学有许多的质疑，现在看来其实是几年前的狭隘导致的，在此我对之前的观点进行重大的修正。

思考二：传统就一定优于现代吗？

中国文化里似乎暗藏着一句潜台词：似乎过去的比现在的好。

在孔子时代，孔子也曾经感慨，认为周文王的时代是黄金时代。可是如果我们沉下心来回顾中国文明过去二三千年的发展，其实是一直在进步，并不是如现在所想，今天不如昨天，明天不如今天。

所以师父一定强过徒弟吗？我们有必要对中国文化里的这种习惯进行深刻地反省。

看国内拍的穿越连续剧，其情节设定必然穿越回古代；而美国的影视剧则设定为去到未来。这件事情给我很大的启发，作为当代的少年中国人，我们有责任要树立一种全新的未来观，全新的历史观。

没有必要言必称今不如古，在中医界也是如此。为什么我们不能去拥抱一个大数据的时代，拥抱一个物质能量和信息转换的时代？

许多中医爱好者、民间中医朋友都倾向于把古代中医神化，把师父神化，但这样会陷入另一种尴尬中。因为按这样的思路，民国的中医应该比现在的中医高明，那时的西医远不如现在的西医，如果那时的中医都无法战胜西医，现在的中医又以什么去屹立于生命科学之林呢？

我们不应该把“今不如古”的观念再带进我们的未来和中医行业。我们需要有全新的未来观和历史观，去拥抱新的时代。

思考三：心法对了就能治病吗？

我在以前的关于中医与养生的文章描述里，过多地强调了养生的心法、价值观的正确对疾病的影响。

心法和情绪的确对我们的身体有很大影响，但是并没有一种唯一的价值观会对疾病造成某种影响。在一个价值观多元的时代，很难说什么是绝对的善或绝对的恶。连吃人这件事情，放在食人族也不是罪大恶极之事，它只是表达了人之间最亲密的互动。

所以如果我们过度地以某一种价值观作为唯一的善恶标准，并以此作为某种心法的基础时，往往会陷入到一种新的偏执。

我们必须要意识到，在当今社会，很多价值观都应受到平等的尊重。如果我们以唯一的价值观作为善恶的评判标准，无形之中就将事件局限并僵化了，这也不符合一切伟大的文明所提倡的宽容。

所以，可能都没有一个唯一的价值标准，何来唯一心法，又何来那个唯一的治病的善念之力呢？

思考四：无为的同时就不能有为吗？

中医讲究尊重元神，要透过无为，透过积极的不干预，来帮助身体恢复他的生命平衡。这些道理我们都了解，但是就有如在经济学里也有哈耶克和凯恩斯一样，哈耶克提倡“尊重看不见的手”（注：这句话的原提出者是亚当·斯密），凯恩斯说“从长期来看，我们都将死去”，所以我们必须在短期里透过我们的意愿和主观能动性去做局部的干预，从而保持经济的发展，这样的讨论在生命科学界同样存在。

如果一味地无为，为何道家会说“我命在我不在天”。如果一味地尊重业力，为何佛家也要说“发大愿，发大慈悲心去改造业力”？儒家更是有为的代表，有时甚至明知不可为而为之。

所以许多喜欢中医的朋友言必称西医的抗生素、激素以及各种切除手术，会对我们的生命体造成过多的伤害。我相信这是某种程度的误解。近代中医学泰斗张锡纯也使用西药来治疗疾病，关键在于认清并对“量”有所把握。

我们对西医妖魔化的评价就有如很多不了解中医的朋友，对中医妖魔化的评价一样。客观来说，如果我们在意大利吃过最好吃的面条，其口感并不逊色于四川的担担面、广州的云吞面时，你就会相信西医领域里也同样有类似的情形。

只尊重生命本能，用无为的方法去发展身体内在的自我免疫系统和保护系统，其实和在关键时刻采用有效的干预手段之间并不矛盾。

康有为在那样一个时代，改名“有为”，我相信他是基于在那样一个时代，对中国文化的深刻思考和反省之后的选择。无为之中还应有为。

结语

我的师父李可老师，在临终前收到了他的大弟子，也是他的好朋友——郭博信老师的书稿。在临床几十年后，郭老对“扶阳”的许多问题进行了全面思考，中间不乏对李老所提倡的一些医学理论的反思。

李老在临终前一周看完这部书稿，非常感慨，为这本书作序。大致的意思是他也在对这类问题重新反思。我想一位这样伟大的救人无数的国医老师，在他临终前一周还在不断地保持对他这一生学术研究的反思、觉察和检讨，这难道不应该是我们真正去学习的东西吗？

据说一位 IT 界的神级人物每次做完产品思路延展时，最后一张 PPT 上的内容写的是："我说的都是错的。"佛陀也在讲经数十年后说："我什么都没说。"这个错或许根本与对、错无关，而是他们想告诉大家，要因时、因地、因人而宜。

我们的语言表达会产生很强的局限性，这些局限性透过时间的穿越在另外一个时间与空间里，就会产生许多谬误。许多学习中医和国学文化的朋友，从《易经》入手，一定要知道"变才是不变"的唯一真理。

所以当我看到朋友圈转发的各种养生知识，似乎有了某种方子，癌症就不是问题；找到某个穴位，糖尿病都是浮云。当我们怀着这样一种态度去传播这样的讯息时，其实已经落入了一种"我执"与"偏见"。带着这样一种"我执"去帮助传播中医，其实对中医及中国文化是一种伤害。

所以当我看到许多朋友在转发六年前那些让我现在感到惭愧的言论时，我心里有一种强烈的冲动，想把自己在一线观察了六年后的感受和大家分享。

禅宗有句话，"不可说，一说即是错。"我现在对此有所体悟。

最后和大家分享一个秘密，那就是我接触太多中医大夫后发现：在这个世界上没有包治百病的大夫，也没有包治百病的药。我接触到最好的中医，也有疗效不确切或是误判的时候，所以不要迷信中医，迷信一切。每一项东西都是因地、因时、因人变化的。

梁太安

2014 年 11 月

与自由有关

我整整四十岁的那个早晨，被上幼儿园的儿子吵醒。他正在声嘶力竭地哭，我迷迷糊糊地问他："你怎么了？"他说："我要穿校服！"我说"穿啊。"他说："今天礼拜三。"他妈妈在旁边说："今天礼拜三，不用穿校服，校服拿去洗啦！"但是儿子幽幽地说："上礼拜就是这样，图图和亮亮都穿了，就我没穿。"就这么一件小事情，引发了一连串的情绪冲突。我突然跟他说："你是我的儿子啊，你是要做大事的，怎么会为了穿衣服的事情去悲伤，去愤怒呢？"他问我什么是大事？我一时语塞，什么是大事？为人类的自由和平解放、两岸统一，还是祖国的经济繁荣，还是人民的福祉而奋斗终生？这算大事吗？

我突然想，我们有什么资格限制他穿校服呢？我们觉得校服很难看，我们觉得我们给他买的衣服好看，终于逮到不用穿校服的一天，恨不得赶紧把我们选出来的衣服给他穿，这难道就好吗？一个年轻人在小的时候，如果连穿什么衣服都不能听从自己的自由意志，他会成为一个自由的人吗？我不知道。

有些时候我在想，我们努力地要做一些伟大的事情，但是我们连允许别人按照他的想法去穿一件衣服都未必能做到。再引申开来，我们能够选择自己穿什么衣服吗？有些时候因为上班我们要穿制服，我们做过自己的选择吗？我们选择过自己爱的方式吗？我们选择过听从自己的声音去做让自己高兴的工作吗？

什么叫大事？尊重身边的每一个人，按他的方式，在不太过分的情况下，让他成长出自己的自由意志。对于那些，比如说我们的孩子，我们是否愿意尊重他？再说回来，活到四十岁了，我们能按照自己的自由意志，在不妨碍他人的情况下，简单地做一些小事吗？如果连这些都做不到，谈什么大事呢？

自由不仅仅是我们要做什么，最起码我们可以选择不做什么。自由是可以让自己今天晚上不想说话的时候不说话吧，自由是当你愿意的时候选一首自己爱听的歌，哪怕一个晚上沉浸其中吧。如果我们从小的时候没有过这种自由，我们谈何给别人自由，我们谈何让所有人都获得自由。这是一件很小很小的事情，但是在这件事情里，我却看到了我们成长的经历。

后来，我从那堆脏脏的准备洗的衣服里面找出那条校服裤子的时候，这个小朋友又开始发生了另一个心理状况，他说不愿穿那么多衣服，因为很热。我们知道只穿校服出去一定着凉，怎么办呢？两派观点：一派认为不能听从他的，要给他包好了之后再推出去上学；另一派观点是，那好吧，你试下，就穿着单薄的校服走出房门感受下吧。推出去不到五秒，他就回来了，还嘴硬着说一点都不冷啊，但是已经不再拒绝再穿一件厚的衣服了。

我们是否给过别人犯错的机会，是否明明知道他会犯错依然给他这样的机会，是否陪他犯这个错误，然后在一个合适的时候帮他走上一个更合理的道路？如果我们连这样的心量都没有，我们谈何帮助别人呢？

其实一个四十岁的人，比如我，在四十岁的这一天，我发现我根本没有想什么特别重要的事。早上起来的时候，把昨天那件衣服又拿起来穿了，这在以前是绝对不可能的，一个过生日的人怎么能穿一件昨天穿过的旧衣服呢，总是要穿新的嘛。但是那一刹那间，其实我是想穿这件旧衣服的，哪怕昨天前天都穿过，这个就是自由，很奇妙。

《世说新语》里面有个故事，讲的是有个人想他的朋友了，于是在一个夜黑风高的夜晚，划船去岛间看望朋友。上得岸来，当他的手扣到门环上的时候，听到朋友在里面很 high，他突然不想玩了，于是他就轻轻地把门环放下去，回去了。什么叫浪漫？《世说新语》用这个故事注释给我们，兴之所至，尽兴而归。

生活或者生命，可能根本没有什么大事。所谓的大事，就是你是不是能够推己及人，从自己开始，然后给旁边的人一点点的自由。如果你不能让他做什么，你是不是能够让他不做什么。如果你不能让别人听从你，你是不是能够让自己听从自己呢？从今天选择哪件衣服开始。如果你不能做到每天都这样，你能不能做到偶尔一天这样？

我觉得我很庆幸，终于在四十岁的时候才明白了这个道理。感谢我的儿子，用早上这样的经历来教育我，他真是上天的礼物。

梁太安

2014 年 12 月

制心一处 臻于至善

“心念一闪，振动十方”，我常常和大家分享这句话。两三个月前，我陷入一种突如其来的迷茫，就是不知道自己应该是一个什么样的人。当时他们都说，应该由师父来告诉你，我也不知道，在这个阶段应该出现的师父会告诉我什么。我有四位老师，三位已经仙去，另外一位远在广州，深居简出。平时也没有什么机会可以深聊。所以，我觉得自己像一个根器不高，但又很想找到某条路的孩子。就想，会不会有个老师在这时会出现呢？

许愿要小心，当心它实现。

大概两个月以前，由杭州钟氏夫妇引荐，我去了一趟杭州西溪湿地蔡志忠先生的漫画工作室。那天他一直等着我，到了工作室已经晚上 18 点，一坐下来就开始喝酒，大碗喝酒，大口抽烟，大块吃肉。然后他开始精神飚车，我跟随他，从晚上 19 点左右一直飙到将近凌晨一点。听得我口吐白沫。这是思想上的飙车，我已经算是见过很多高人的人了，还没见过一位从佛经讲到量子物理，讲到数学微积分，讲到桥牌，讲到古铜佛的收藏，讲到学习外语，讲到中国古代思想史，讲到心理暗示学，讲到身体变化，讲到中医，再讲回人生宿命，讲天主教，而且每一样都讲到顶尖的境界。

蔡先生在和我聊天时，丝毫没觉得自己是认真工作的人，说在等我时顺便画了多少幅画，我还不相信。结果在凌晨一点要告辞时，他拉着我们几个人，每人用不到九十秒送了一幅画。

我当时想，一个人怎么可能学到这么多东西，而且每样都学到这么高的境界？甚至那个时候闪过一个念头，如果能拜他为师应该很好。结果没有想到，当我第二次见到蔡先生的时候，他突然低声问我：你愿意做我的弟子吗？我当时猛然一愣，我看着这样一个在思想上极其骄傲放达，而在那一刹那又如此腼腆的人，惊喜后马上回答：当然愿意。

传说中的老师找学生原来真的有，实际上也是我发了愿，真的很希望跟蔡先生学习。不过，我很好奇，我能跟老师学什么呢？他给我看了要传给弟子的信物，真正吓到我的不是那个本子上的几幅画，而是岭南画派的传承，他是第三代，我是第四代。当然岭南画派也有很多分支，像我这种不肖弟子，我很汗颜，我会不会给老师抹黑？像我这种根器愚钝的人，只适合“钝”悟的人，我连中医都还没有学好，叫我学岭南画派，很有压力。

蔡老师跟我说，如果你愿意学的话，还是能成为一个很好的画家的。他是三十多岁突然对物理学感兴趣，自己闭关十年，学习量子物理。为了学量子物理，还专门学了英语。一个能够用英语去读量子物理学书的人，你可以想象，他出生在1948年的农村，十五岁到台北学漫画再学动画。你不能想象，一个人可以用这样方法，完成对物理学的学习，而且是最尖端的量子物理学。台大校长李嗣成先生是他的好朋友。蔡先生有次碰到他，说他要学物理，请李先生开出十个最尖端的问题，然后买了三百本相关书籍开始看。居然无师自通，成为这个领域里的高人，他可以和台湾这个领域里最顶尖的人进行最专业的对话。他学桥牌也是这样，他和聂卫平先生一起，拿过十个以上的亚洲冠军。私下他不经意地告诉我："其实巴菲特打桥牌也不错，我发现他比比尔·盖茨打得好点。"我问："您和他打过？"他说："偶尔啦。"

我在想，一个人怎么做到这一切的呢？

后来，借由《生命》的节目，我邀请蔡志忠先生做了一个访谈。他没有给我讲太多《金刚经》里的东西，他发了一篇稿子《金刚经解密》，说这个你回去自己看就好了，我只跟你讲讲，我是怎样工作和生活的。他大部分的时候一天只吃一顿饭，凌晨一点钟起床，用半个小时仰望星空，想今天要做的一切事情。要知道，把一句话，比如说"有生于无，无生于有，阴阳互根"变成一幅漫画或一组漫画，是需要一种解构能力的，它不是一行字而是一幅画。这个时候你就会知道，一个人是如何用半个小时把今天要画的一百幅画迅速想完一遍的。

他给我看过他画的聂卫平的思维图，密密麻麻三页纸，一层层推导下来，我才知道，他真的是一个会自学、会学习的人。绝大多数人没有研究明白如何学习，如何思考。而蔡先生花了大量的时间研究如何学习如何思考，所以他做事情是有打法有章法有次第可寻的。他告诉我，他画画时，可以坐在板凳上十个小时，一天二十杯咖啡一个馒头。大概几个月时间写完六十万字的书。因为他没有手机没有电话，他不允许别人打断他的时间。他认为时间是个微积分的过程，如果一个小时值十元的话，两个半个小时可能不值五元，四个十五分钟连一元都不值，反过来看，连贯的十个小时已经价值到几千万了。他的这个时间累计关系，其实是指数级增长的价值倍增效应。

在这个层面，你才会理解禅宗的“制心一处”到底意味着什么。蔡先生说，如果你全神贯注地做一件事情，一定会找到这样的感觉：宇宙和你在一起，时间像水一样慢慢流过你的身体，你只听到笔在纸上刷刷的声音，甚至连心跳都听不见。你觉得时间和空间好像都不存在，你觉得没有一笔是多余的，每一个动作都是完整的。就像你看真正的茶道高手，都是滴水不漏的，不会有多余的动作多余的眼神。当你真正地投入到那个领域，你没有一个多余的念头，万籁俱寂，与天地同齐，那种幸福感不是外人能够得到的。

我由此发现了我修行的秘密。蔡先生修行是靠学习、画画、做研究，而我的修行居然是靠和人聊天。我发现当我能够和一个高人聊天，又能和他产生精神上共鸣的时候，那一刹那间，时间是停止的。所以每个人都有自己修行的法门，不管你用什么方法，写字也好，卤肉也好，炒菜也好，都好。找到自己的。

正好有殊胜因缘，蔡先生去参加少林寺禅宗大典，他拉着我们三位师兄弟一起去的。于是我就在少林寺的禅堂拜师了，在这个时点让我感觉充满历史的荒谬主义和黑色幽默，但是生命就是这样的安排，为什么要对抗它呢？和另外一位周师兄聊天，这位师兄书法非常了得，大家可以从他送给老师的《金刚经》《千字文》里看出来。一个人写出一个大字气势磅礴像画水墨画一样，可能是容易的，但是要在几千个字甚至上万个字里没有一笔错误，需要更长时间的安静和专注。楷书要写到工整漂亮，不仅每笔之间关系要好，每个字之间的关系要好，每组字之间的关系也要漂亮，那就需要有“大而无外、小而无内”的境界了。你要全神贯注于这一顿、那一撇、这一捺，同时你还要意识到这一点在整页纸里的意味。他告诉我说，从十几岁开始写字，几乎每天不少于十个小时用于写字看书，虽然在外面酒照喝肉照吃，但是回到他的书房，就变成了世界上只有一个人。

我的太安私塾一期有一位单谷师兄，单农男装品牌的创始人。有一天他和我聊到服装，当讲到衣服时平常害羞腼腆的他的那种自信是由内而外的，所以我说："你让我想起一个词，一个人的时装界"。他笑而不语，我知道这种借由真正地对衣服的理解，在自己的领域腼腆而自信地笑而不语意味着什么。

你无需假装谦虚，也无需假装骄傲。

拜师出来，蔡老师带着我在少林寺看一块和他有关的碑，上面是他对于《心经》和禅宗的一些解释，也包括他的一些画作。刹那间，我觉得一个人如果能够真的将心注入，然后用大块的时间把一个领域的东西做到臻于至善，专到有一天可以轻易地放下。

我相信就像当年沈宏非先生（《舌尖上的中国》总策划）约我第一次聊天，居然选在麦当劳。我就知道高手是怎样面对人生了，对他们来说，好吃和不好吃已经没有那么重要了，因为你经历过了。

制心一处，臻于至善。所以作为一个在四十一岁关头、小有迷惑的人，有机缘被蔡老师收为门徒，我觉得很受宠若惊，也相信个中因缘也不是以你我他的力量所左右的。就如南老讲过的他和很多老师的因缘。当年南老微笑着在太湖大学堂给我们讲《黄帝内经》和庄子的时候，我是斜后排的旁听生。当时的朱清时校长是前面的大弟子，我远远看到朱校长的时候心生敬仰，心说好可爱的人，何时如果有机会我能和他聊天就好了。想不到最近，朱校长居然约我在太湖大学堂边的一间精舍见面，聊量子物理学、宇宙、禅宗，《金刚经》和《楞严经》的关系……

我问自己，那种随时可以跪下来向他们磕头的诚意来自哪里呢？是因为看见了一些人，他们闪烁着一种光辉，一种接近真理的光辉。虽然他们可能不是真理，真理本身或许是无常的。“诸行无常，诸漏皆苦，诸法无我，涅槃寂静。”但是有些时候，它会聚合在某些时间和空间里面，也会偶尔停留在某些人的眼睛里。

我发现很多大家平常都是腼腆的，但是到了他们真正自信的领域里，他们都是不造作的，都是坚定的。因此我深刻地理解了什么是拜师。其实，朱教授或蔡老师的思想精华，都可以买书自己看，或者网上也有。

那为什么要拜师？

是因为师父最重要的意义是，他可以演给你看，原来人生可以这样活，原来人是可以有这样一种状态的，然后你才会真正地升起你也可以成为这样人的信心，因为你同时还看到他们平常人的一面。

所以，作为一个很不称职的学生，我仍然发自内心地和大家分享我的感受：生命是如此美好，我们一定要真正专注于自己喜欢的人和事上。

昨天蔡老师问了我一句话：如果人生只有一天，你会怎么过？或许我会好好吃个早餐，然后好好谈个恋爱，听喜欢的音乐，一定不会加班到12点。做自己喜欢的事，那一刹那间，你与世界同在。

让我们荡起双桨，小船儿推开波浪……

梁太安

于少林寺

2015年8月21日